ULRICH DILTHEY

Technischer Einsatz von Personal Computern (PC)
am Beispiel der Schweißtechnik

HELMUTH STEINMETZ

Zerebrale Links-Rechts-Asymmetrie:
Struktur, Funktion, Entstehung

ALOIS FÜRSTNER

Metallaktivierung am Beispiel Titan: Von den morphologischen
Grundlagen zu Anwendungen in der Wirkstoffsynthese

Westdeutscher Verlag

415. Sitzung am 6. Oktober 1995 in Düsseldorf

Die Deutsche Bibliothek – CIP-Einheitsaufnahme

Dilthey, Ulrich:
Technischer Einsatz von Personal Computern (PC) am Beispiel der Schweißtechnik / Ulrich Dilthey. Zerebrale Links-Rechts-Asymmetrie: Struktur, Funktion, Entstehung / Helmuth Steinmetz. [u. a.]. – Wiesbaden: Westdt. Verl., 1997

(Vorträge / Nordrhein-Westfälische Akademie der Wissenschaften: Natur-, Ingenieur- und Wirtschaftswissenschaften; N 429)
ISBN 3–531–08429–1

Der Westdeutsche Verlag ist ein Unternehmen der Bertelsmann Fachinformation.

© 1997 by Westdeutscher Verlag GmbH Opladen
Herstellung: Westdeutscher Verlag
Satz, Druck und buchbinderische Verarbeitung: B.o.s.s Druck und Medien, Kleve
Printed in Germany
ISSN 0944–8799
ISBN 3–531–08429–1

Inhalt

Technischer Einsatz von Personal Computern (PC) am Beispiel der Schweißtechnik

Von *Ulrich Dilthey, Sabine Roosen*, Aachen

An der Entwicklung der Prozessoren und Speicherbausteine wird die rapide Steigerung der Rechenleistung der PC in den letzten zehn Jahren aufgezeigt. Fand der PC seinen Einsatz zunächst nur im Büro, so wurden durch die Steigerung der Leistungsfähigkeit zunehmend Anwendungen in technischen Bereichen möglich.

Der heutige technische Einsatz des PC erstreckt sich von Forschung und Entwicklung über Konstruktion und Planung bis hin zu Fertigung und Qualitätssicherung. Interessante Beispiele aus den Bereichen Messen, Steuern, Regeln zeigen, daß der PC nicht nur zur Verwaltung und für die Bearbeitung von Berechnungsprogrammen, Datenbanken, Experten- und Simulationssystemen genutzt wird, sondern zunehmend in technische Prozesse online integriert ist.

Die Entwicklung der Industrie-Robotersysteme ist eng mit der Entwicklung des PC verbunden, werden doch die gleiche Prozessoren, Speicherbausteine und Bussysteme im PC, bei Robotersteuerungen, in Offline-Programmier- und Simulationssystemen und bei der Sensorik und Diagnostik eingesetzt.

Bei modernen informationstechnischen Lösungen ist der verstärkte Einsatz innovativer KI-Methoden wie Neuronale Netze, Fuzzy Logik und Genetische Algorithmen zu verzeichnen. Hierzu werden neue Forschungsergebnisse vorgestellt. Abschließend werden künftige Tendenzen der Hard- und Softwareentwicklung am Beispiel der Schweißtechnik aufgezeigt.

1. Meilensteine auf dem Weg zum Computer

Schon frühzeitig wurde in verschiedenen Kulturen versucht, die Arbeit des Rechnens mittels mechanischer Hilfsmittel wie Rechenbrett, Rechenstab oder Abakus zu erleichtern und zu beschleunigen. Ab dem 17. Jahrhundert gab es eine Vielzahl weiterentwickelter mechanischer Rechenmaschinen, die in der Lage waren, die vier Grundrechenarten auszuführen. Begonnen wurde diese Entwicklung durch Wilhelm Schickard, dem 1623 die Entwicklung der ersten mechanischen Rechenmaschine gelang, *Bild 1.* Zählräder mit je zehn Zähnen

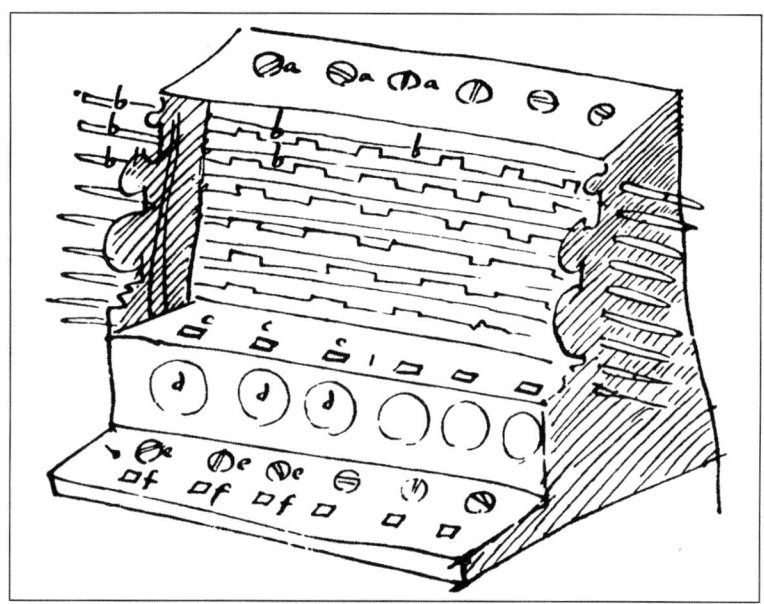

Bild 1: Rechenmaschine von Wilhelm Schickard, 1623
   a) Skizze Schickards aus einem Brief an Kepler, 1624
   b) Nachbau des Rogowski-Institutes der RWTH-Aachen, jetzt im Computermuseum
      Aachen

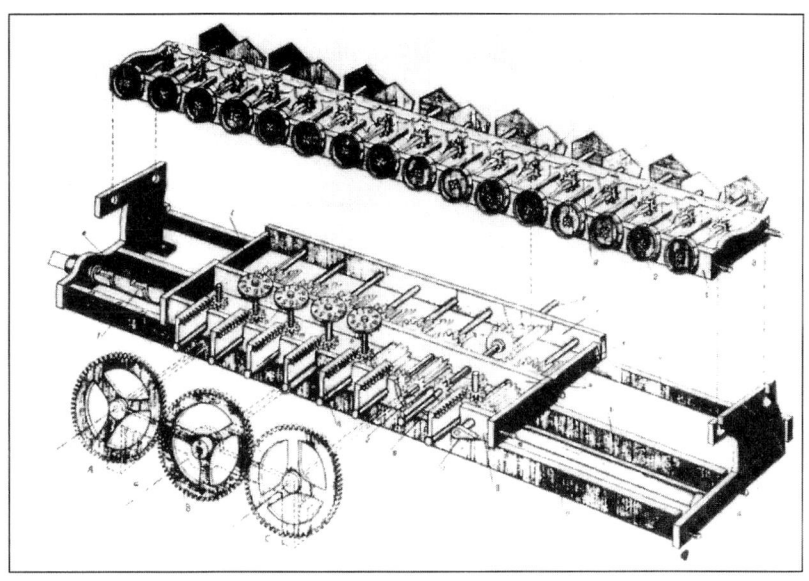

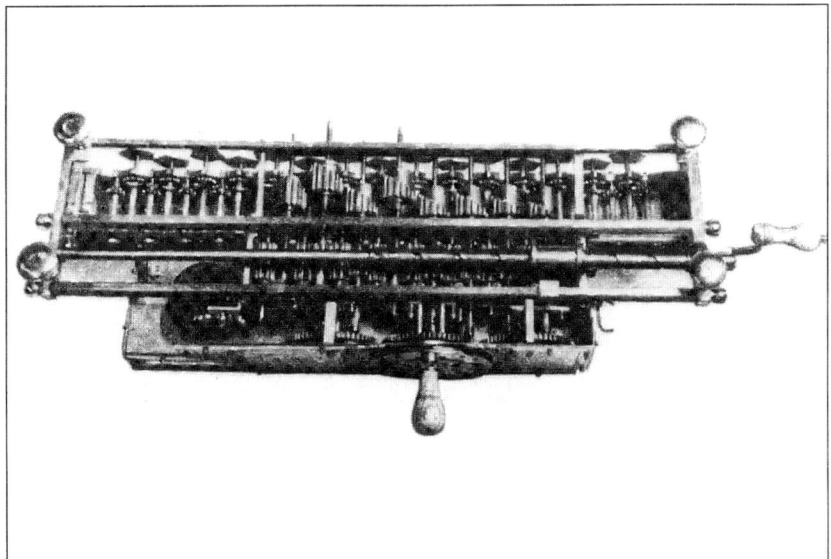

Bild 2: Rechenmaschine von G. W. Leibniz, 1672
    a) Detailzeichnung der Leibnizschen Rechenmaschine
    b) Rechenmaschine von G. W. Leibniz, Original im Braunschweigischen Landesmuseum

Bild 3: Rechenmaschine mit Programmsteuerung von Charles Babbage, 1862
    a) Nachbau der difference engine, Science Museum London 1991
    b) Teilmodell der difference engine no. 1, 1831, Science Museum London (Quelle: Stern-
       stunden in der Rechentechnik, 1992)

ermöglichen das Zusammenzählen der einzelnen Teilergebnisse. Der Zehner-
übertrag erfolgt „automatisch" durch Schaltklinken. Bewegliche Ziffernschei-
ben dienen als „Speicher" von Faktoren- oder Quotientenstellen.

1672 stellt Gottfried Wilhelm Leibniz in England ein neues Modell einer
Rechenmaschine vor, mit der sich alle vier Grundrechenarten rechnen lassen, *Bild 2.* Sie ist eine echte Vierspeziesrechenmaschine mit einem achtstel-
ligen Einstellwerk und einem sechzehnstelligen Ergebniswerk. Mittels eines
beweglichen Wagens wird das Stellenwerk entlang der einzelnen Ergebnis-
stellen verschoben. Diese Idee der Stellenverschiebung findet sich in fast allen
Rechenmaschinen späterer Jahrhunderte wieder. Eine geniale Erfindung ist
die sogenannte Staffelwalze, die je nach Ziffer verschieden gestaffelte Zähne
hat.

Die Entwicklung erhielt einen entscheidenden Impuls durch Charles
Babbage, der einen „analytischen Rechenautomaten" erdachte. Er begann 1833
mit der Konstruktion, konnte ihn aber aufgrund fertigungstechnischer Probleme nicht fertigstellen, *Bild 3.* Der Konstruktionsentwurf sah ein voll-
automatisches arithmetisches Rechenwerk für die vier Grundrechenarten,
einen Speicher für 1000 Zahlen von je 50 Stellen, Geräte zur Datenein- und
-ausgabe sowie ein Druckwerk vor; die Programmsteuerung sollte über Loch-

Bild 4:   Erster funktionsfähiger Rechenautomat, ZUSE Z3, 1941
          (Quelle: Göök, R., Die großen Erfindungen – Radio, Fernsehen, Computer, 1989)

karten erfolgen. Babbage sah bereits die Ausführung verzweigter Programme vor.

Der erste funktionsfähige Rechenautomat der Welt mit Programmsteuerung wurde von Konrad Zuse gebaut und 1941 in Betrieb genommen. Das Gerät ZUSE Z3 war ein elektromagnetischer Rechner, *Bild 4*. Der Rechenautomat arbeitete bereits mit Dualzahlen und verwendete zur Darstellung von Zahlen die Gleitkommadarstellung. Eine Weiterentwicklung dieses Gerätes war der ZUSE Z4 mit höherer Leistungsfähigkeit. Er enthielt Lochstreifenleser zur Eingabe von Unterprogrammen und einen Magnetkernspeicher.

Die erste vollelektronische Großrechenanlage der Welt, ENIAC (Electronic Numerical Integrator and Computer) genannt, wurde in Amerika entwickelt und im Jahre 1945 fertiggestellt; die volle Funktionsfähigkeit erreichte sie jedoch erst zwei Jahre später, *Bild 5*. Das Gerät war ausschließlich mit Elektronenröhren als Schaltelementen bestückt und hatte gegenüber einem ver-

Bild 5: Rechenautomat ENIAC, 1945–1947
        (Quelle: Vondran, E. P., Entwicklungsgeschichte des Computers, 1989)

gleichbaren elektronischen Relaisrechner bereits die 2000fache Rechen-
geschwindigkeit. Die benötigte Grundfläche betrug 140 Quadratmeter, die
Leistungsaufnahme über 150 Kilowatt bei einer Ausstattung mit mehr als
18 000 Elektronenröhren.

2. Historische Entwicklung des PC

Unter einem PC, dem ‚Personal Computer‘, ist ein Rechner zu verstehen,
der alle Komponenten wie Prozessor, Speicher- sowie Ein- und Ausgabe-
medien in sich vereint, im Gegensatz zum Großcomputer (Mainframe), mit
dem der Benutzer lediglich über ein Terminal kommuniziert. PCs haben mittlerweile einen hohen Verbreitungsgrad erreicht, in Deutschland waren 1994
ca. 10,2 Mio. PCs installiert, von denen 4,6 Mio. über Netzwerke verbunden
waren. Im privaten Bereich verfügen 25% der Haushalte über einen PC, und
der Trend zur weiteren Verbreitung ist ungebrochen. Dies ist erstaunlich unter
dem Aspekt, daß eine Studie zu Beginn der fünfziger Jahre zu dem Ergebnis
kam, daß nur zwanzig Computer genügen, um den Weltbedarf zu decken. Die

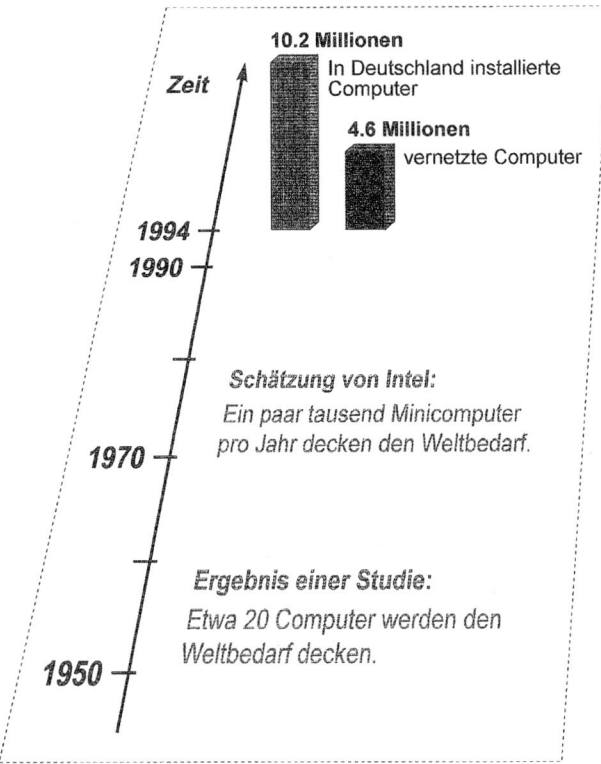

Bild 6: Geschätzter und tatsächlicher Computerbedarf

Firma INTEL schätzte in den siebziger Jahren den weltweiten Bedarf an Mikrocomputern auf „ein paar tausend Einheiten pro Jahr", *Bild 6*.

Die Verkaufszahlen für Computereinheiten im weltweiten Vergleich zeigen deutlich, daß der Hauptmarkt bisher noch in den USA und Westeuropa liegt, Südostasien ist allerdings ein starker Wachstumsmarkt, *Bild 7*. In Analogie zum obigen Zahlenvergleich ist es durchaus wahrscheinlich, daß die Schätzungen der Verkaufszahlen für 1998 voraussichtlich bereits 1996 überholt sind.

Bei der Betrachtung der Entwicklung der PC-Komponenten seit der Markteinführung der ersten Geräte im Jahre 1981 fällt auf, daß alle Komponenten eine sehr schnelle Entwicklung mit exponentieller Steigerung der Leistungsfähigkeit zu verzeichnen haben, *Bild 8*. Hierbei sind nicht nur die Prozessoren von enormem Interesse, deren Geschwindigkeit sich in vierzehn Jahren um den Faktor 26 vergrößert hat, sondern auch die adäquate Entwicklung

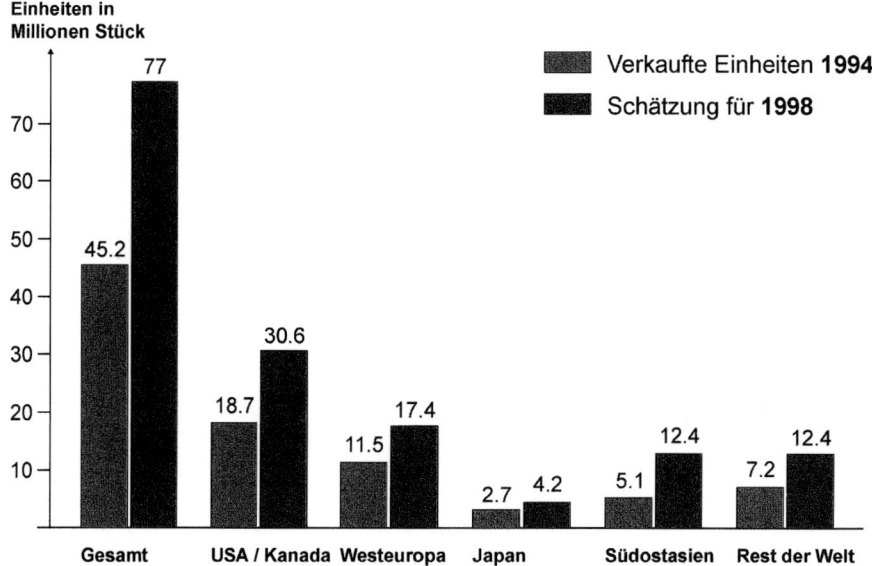

Bild 7: Weltweit verkaufte Computereinheiten 1994 und Schätzung für 1998

Bild 8: Entwicklung der PC-Komponenten 1981–1995

	1981	1983	1984	1986	1987	1988	1991	1992	1994	1995
Prozessor	IBM-PC	80286	80286	80286	80286	80386	80486	80486	80586	80586
Bussystem	ISA	ISA	ISA	ISA	ISA	ISA	ISA	EISA VESA	PCI	PCI
Bit (Datenbreite)	8	16	16	16	16	32	32	32	32	32
Geschwindigkeit (Mhz)	4,77	6	8	10	16	25	33	50	100	130
Speicherchip										
k-Bit	16	64	256	256	0	1 MB	2 MB	4 MB	8 MB	16 MB
Geschwindigkeit (ns)	200	150	150	125	80	70	10*	10*	10*	10*
Diskette										
Größe (Zoll)	5,25	5,25	5,25	3,5	3,5	3,5	3,5	3,5	3,5	3,5
Kapazität	160 KB	360 KB	1,2 MB	720 KB	1,4 MB	1,4 MB	1,4 MB	1,4 MB	1,4 MB	1,4 MB
Festplatte										
Kapazität	-	10 MB	20 MB	30 MB	115 MB	140 MB	170 MB	200 MB	520 MB	1 GB
Zugriffszeit (ms)	-	85	40	40	40	20	17	14	12	9
CD-Rom										
Geschwindigkeit (Speed)	-	-	-	-	-	-	1 x	2 x	4 x	6 x
Übertragungsrate (KB)	-	-	-	-	-	-	150 KB	300 KB	600 KB	900 KB

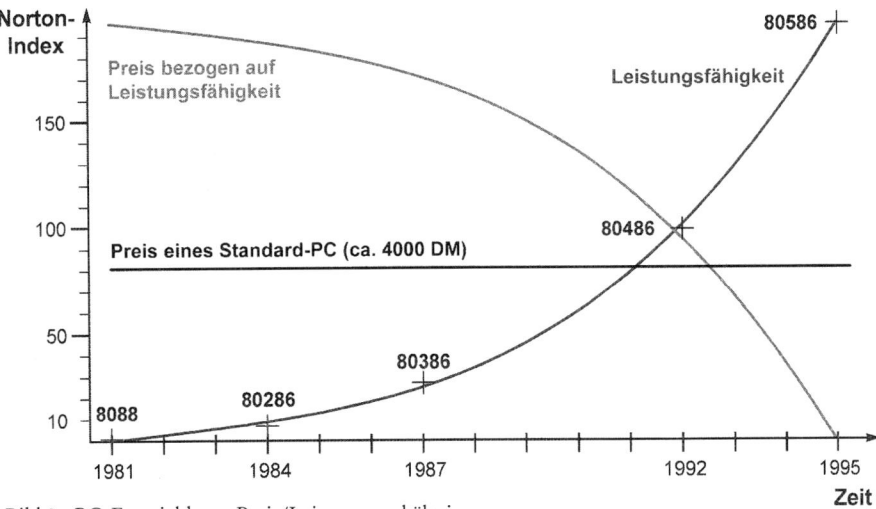

Bild 9: PC-Entwicklung, Preis/Leistungsverhältnis

der RAM-Bausteine und der Speichermedien. Erst die Bereitstellung stetig anwachsender Speicherkapazitäten bei immer kürzeren Zugriffszeiten ermöglichte den Einsatz des PC auch im industriellen Anwendungsbereich.

Wird nun ein Bezug zwischen der Leistungsfähigkeit eines PC und dem Preis eines Standardgerätes hergestellt, so wird deutlich, wie stark der Preisverfall für Rechner in den letzten Jahren war, *Bild 9*. Ein Ende dieser Entwicklung ist derzeit noch nicht absehbar und es wird sicherlich interessant sein, wie lange dieser Trend noch anhalten wird.

3. Einsatzbereiche des PC in der Schweißtechnik

Die aufgezeichneten Entwicklungen ermöglichten den Einsatz des PC in einem breiten Anwendungsfeld, von der Bürokommunikation über Konstruktion und Fertigung bis hin zur Qualitätssicherung. Die imposante Entwicklung der Hardware ermöglichte gleichzeitig eine Verbesserung der Software. Wurden im technischen Bereich zunächst nur Berechnungsprogramme entwickelt und angewendet, so folgten bald Datenbanksysteme, Simulations- und Expertensysteme bis hin zur heutigen Entwicklung und Anwendung von KI-Methoden wie Fuzzy Logic-basierten Systemen, Neuronalen Netzen und Genetischen Algorithmen. Neuere Trends weisen in die Richtung von Neurofuzzy-Systemen und konnektionistischen Expertensystemen. Eine Vielzahl von Multimedia-Anwendungen auch im technischen Bereich, insbesondere für Schulung und Ausbildung, drängen auf den Markt.

Beispiele für Berechnungsprogramme in der Schweißtechnik sind z. B. ein Programm zur Kostenkalkulation von Schweißverbindungen, *Bild 10* und ein Programm zur Berechnung des entstehenden Gefüges beim Schweißen von Austenit-Ferrit-Verbindungen mit Darstellung im Schaeffler-Diagramm, *Bild 11*.

Ein Beispiel für die vielseitigen Anwendungsmöglichkeiten schweißtechnischer Software soll mit Hilfe der Software ‚WELDWARE‘ gezeigt werden, einem Beratungssystem zur Ermittlung werkstoffkundlicher Randbedingungen bei Lichtbogenschweißverfahren. Mit Hilfe dieser Software wird nachgewiesen, wie ein metallurgischer Fehler aufgrund falscher Technologie bei der Fertigung zur Kenterung einer Fünfeck-Arbeitsplattform führte und welche technologischen Maßnahmen dies hätten verhindern können. In dem komplexen Rohrfachwerk, das dem Zusammenhalt der Gesamtkonstruktion diente, wurde ein Flanschrohr mit Kehlnähten beidseitig an die Rohrstrebe durch Lichtbogenhandschweißen angeschlossen. In der Wärmeeinflußzone (WEZ) dieser Kehlnaht wurde bei der Schadensuntersuchung eine Reihe von Kaltrissen festgestellt, die unmittelbar beim oder nach dem Schweißen und noch vor dem Stapellauf aufgetreten sein müssen. Diese Kaltrisse bildeten den Ausgangspunkt für den Dauerbruch, dessen Länge 5 m und damit ²/₃ des Rohrumfangs erreichte, als der Gewaltbruch einsetzte, der die Kenterung der Plattform einleitete. Mit Hilfe des Beratungssystems WELDWARE können die metallurgischen Verhältnisse der realen Schweißung wie Abkühlzeiten, Gefügezusammensetzungen und mechanische Kennwerte der Schweißnaht und der WEZ ermittelt werden, wobei von der genauen Zusammensetzung des Originalstahls ausgegangen wird. Das Ergebnis zeigt, daß im betrachteten Beispiel der Fehler in einer falschen Wärmeführung lag. Die Ermittlung der korrekten Schweißparameter kann dann auf umgekehrtem Wege ebenfalls mit Hilfe der Software erfolgen, wobei eine grafische Darstellung in Form von Zeit-Temperatur-Umwandlungs (ZTU)-Schaubildern die Ergebnisse verdeutlicht.

Ein weiteres Einsatzgebiet, in dem sich der PC in den letzten Jahren aufgrund der gesteigerten Leistungsfähigkeit etabliert hat, ist die rechnergestützte Konstruktion (CAD), *Bild 12*. Hierbei ist heute auch die Erstellung komplexer dreidimensionaler Zeichnungen möglich.

Auch zur Offline-Programmierung von Schweiß-Robotern einschließlich der Kollisionsüberwachung und zur Simulation komplexer Fertigungsabläufe hat sich der PC bewährt, *Bild 13*.

```
** COSTCOMP 4.19 **
    mit ** NIL ** Daten          Querschnitt      66.35 mm²    66.35 mm²

Abschmelzleistung                      kg/h           5.08          8.11
Kosten für Pulver bzw Gas pro m3 bzw kg  DM           9.82          9.82
Kosten für 1000 Elektroden bzw kg Draht  DM           2.01          9.01
Personalkosten (ohne Geräte) pro Stunde  DM   ◆      44.64         44.64
eff Arbeitsstunden pro Jahr            h            1500.00       1500.00
Einschaltdauer - Lichtbogenbrennzeit   %             28.00         28.00
Anteil abnahmefähiger Bauteile         %            100.00        100.00
Anteil Ausschuss                       %              5.00          5.00
Gesamt-Investitionsbetrag              kDM          11.607        11.607
Zinssatz                               %              8.00          8.00
Abschreibungszeitraum                  yr             5.00          5.00

Gesamtkosten pro Jahr                  kDM          92.882       128.714
Abgeschmolz. Schweissgut pro Jahr      kg         2026.12       3237.49

Schweißnahtgewicht pro Meter           kg             0.52          0.52
Gesamtkosten pro kg Schweissgut        DM            45.84         39.76
Schneidkosten pro Meter                DM             0.00          0.00
Kosten für das Verfahren pro Meter     DM            23.88         20.71
Gesamtkosten für diese Schweissung     DM            23.88         20.71

ÄNDERN          ......    NEUE Naht       NEUES Verfahren Abbruch
```

Bild 10: Ergebnis eines Kostenvergleichs beim Metall-Schutzgas-Schweißen für die Anwendung
von konventionellen Drahtelektroden und Fülldrähten bei einer gegebenen Schweißauf-
gabe mit Hilfe des Kostenenrechnungsprogramms COSTCOMP (Quelle: NIL)

Bild 11: Berechungsprogramm zum Schaeffler-Diagramm (Quelle: ESAB)

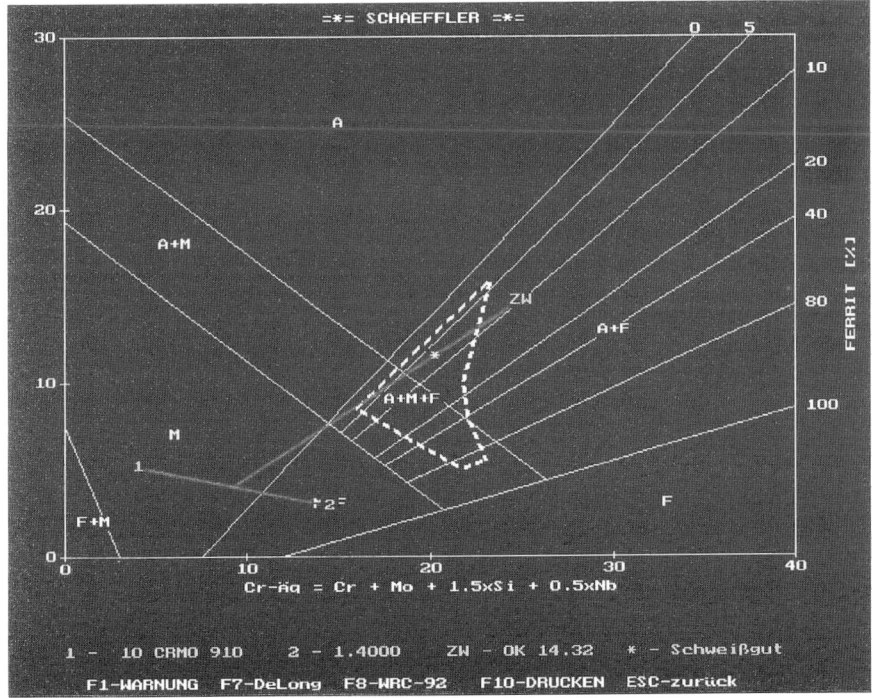

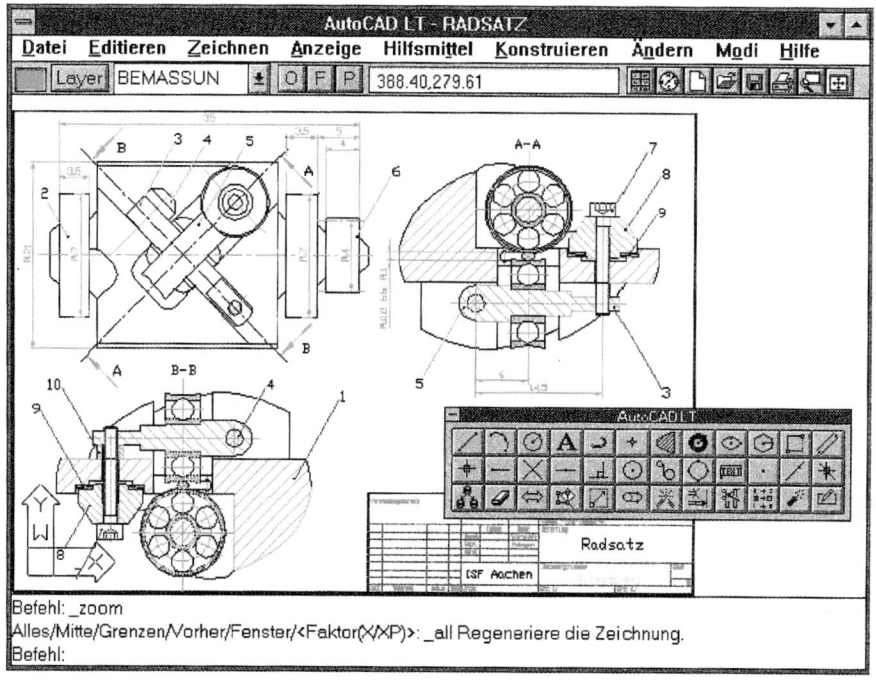

Bild 12: Einsatz von CAD-Systemen

Bild 13: Offline-Programmierung von Schweißrobotern

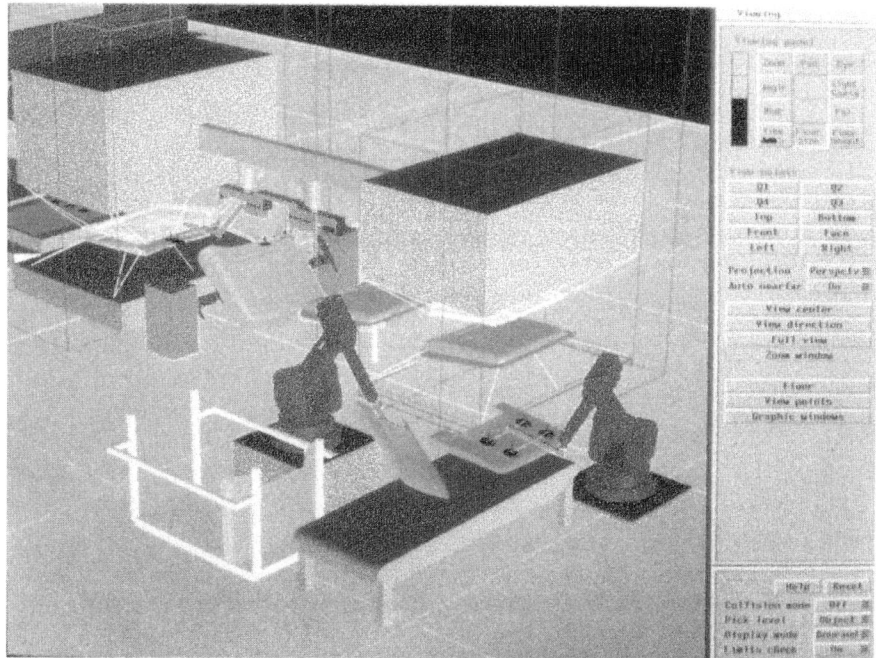

4. Schnittstellen und Sensorik

In modernen Industrieroboteranlagen zum Lichtbogenschweißen wird insbesondere die Kommunikation mit Ein-Ausgabegeräten (z. B. Tastatur, Programmierhandgerät, Drucker) und der Sensorik durch PCs realisiert, *Bild 14 und 15*. Der Einsatz von PCs zur Steuerung von Nahtverfolgungssystemen ist bereits seit Jahren erprobt, *Bild 16*.

Neuere Entwicklungen beschäftigen sich mit dem Einsatz des Lichtbogensensors zum Roboterschweißen. Dabei steht die Schweißung gekrümmter Fugenverläufe ohne Bahnprogrammierung im Vordergrund, *Bild 17*. Die Prozeßdynamik erfordert eine analoge Signalvorverarbeitung und digitale Weiterverarbeitung der Signale aus dem Schweißprozeß. Deshalb wird der Rechner neben Digital/Analog-Signalwandlerkarten auch um entsprechende Meßwertaufbereitungskarten erweitert, *Bild 18*.

Bild 14: Industrieroboter-System zum Lichtbogenschweißen

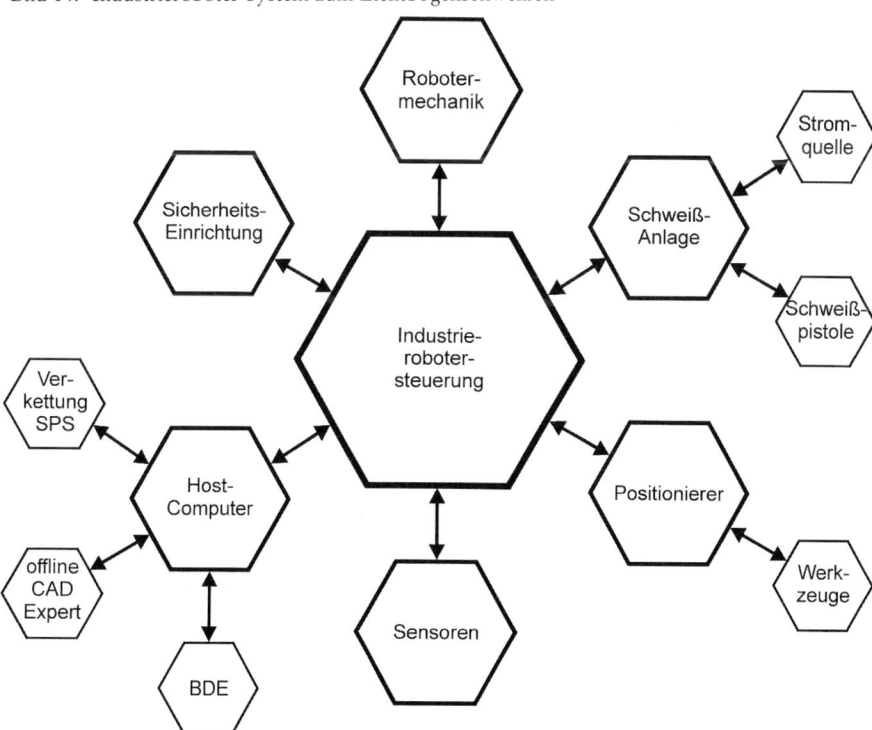

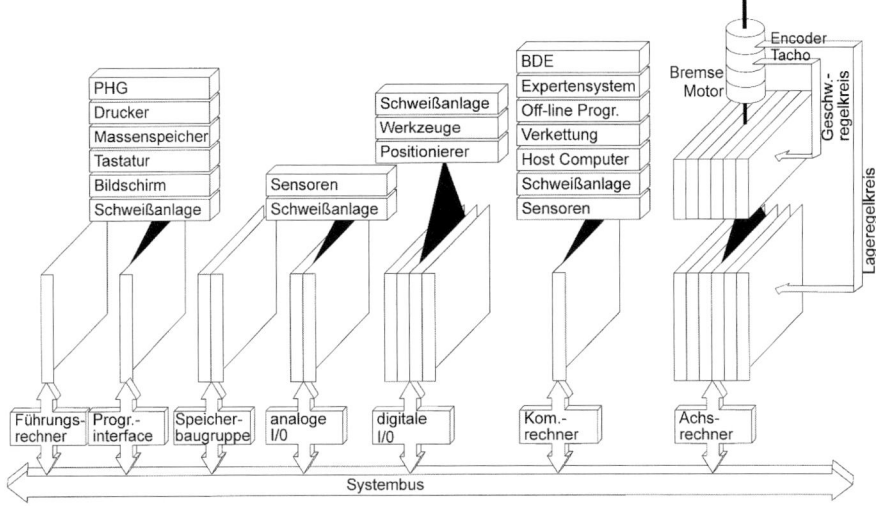

Bild 15: Industrieroboter-Steuerung

Bild 16: Rechenergesteuertes laseroptisches Nahtverfolgungssystem

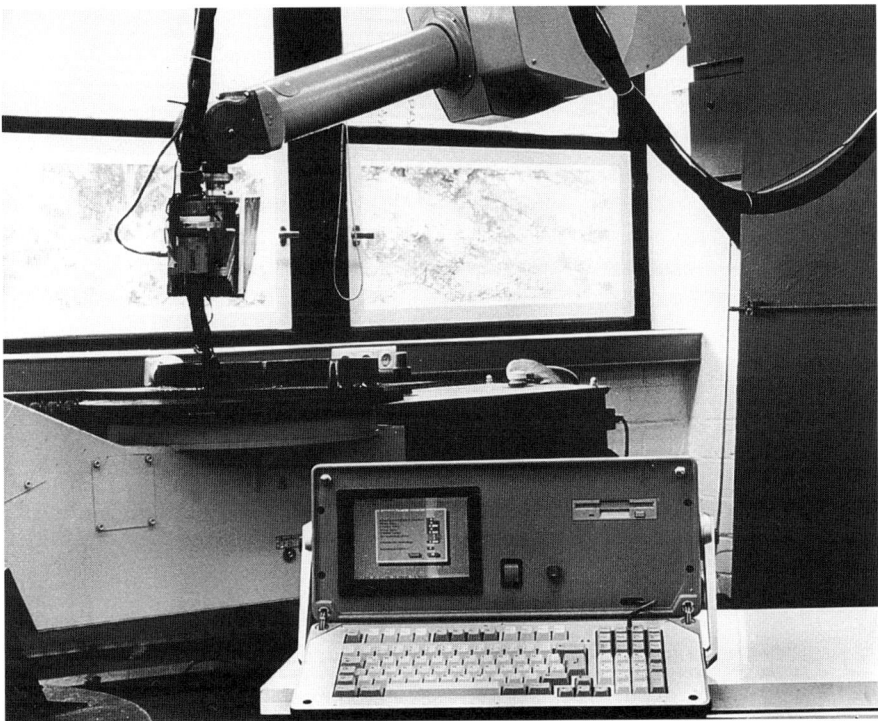

Bild 17: Lichtbogensensor zum Roboterschweißen

Bild 18: Lichtbogensensor – Aufbau der Hardware

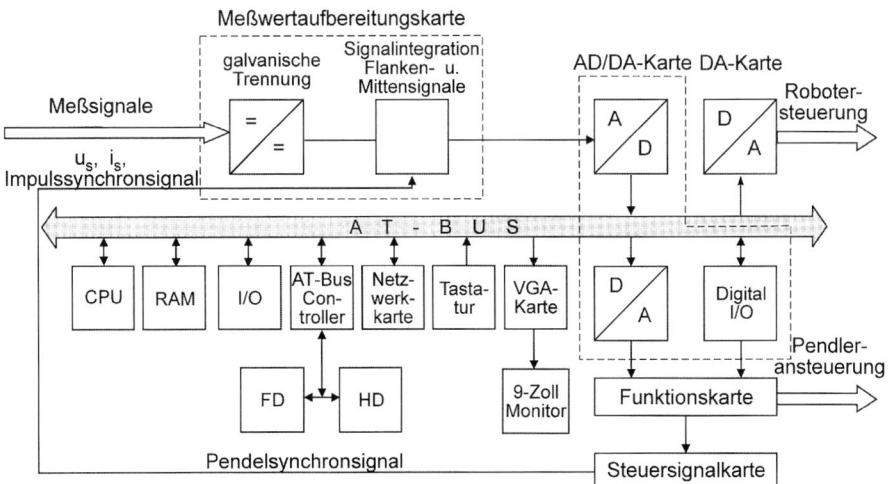

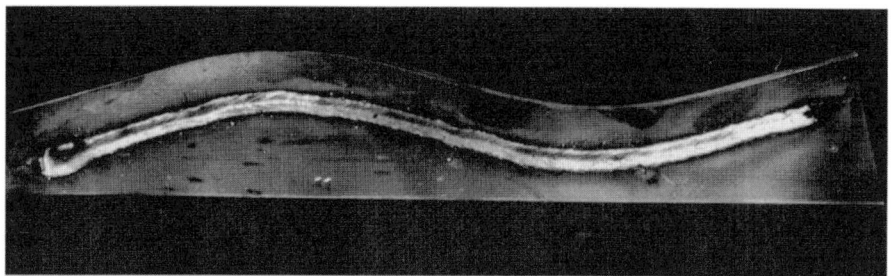

Bild 19: Lichtbogensensorgeführtes Schweißen einer Freiformkurve

Bild 20: Schweißung von 90°-Ecken (links Außen-, rechts Innenecke) mit dem Lichtbogen- und Gasdüsensensor

 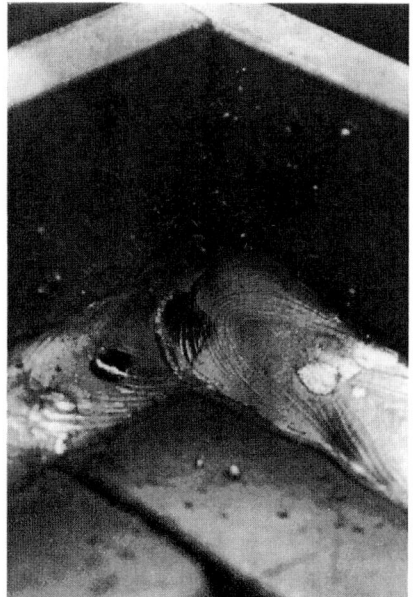

Der Einsatz des Lichtbogensensors ermöglicht ohne vorherige Programmierung das Schweißen einer Freiformkurve bei konstanter Schweißgeschwindigkeit, wobei die Brennerorientierung dem Bahnverlauf angepaßt wird, *Bild 19.*

Probleme treten beim Schweißen von Innen- und Außenecken insbesondere durch die Umorientierung der Roboterhand auf. Hierzu muß die jeweilige Ecke mit Hilfe des Sensors erkannt, der Schweißprozeß beendet und nach der Umorientierung wieder neu begonnen werden, *Bild 20.*

5. Messen, Steuern, Regeln

Heute werden häufig handelsübliche PCs in verschiedenen Bereichen der Automatisierung in der Schweißtechnik eingesetzt. Dabei entstehen durch die Kombination moderner Meßtechnik mit den Fähigkeiten des PC und dessen Software leistungsfähige, intelligente Meß- und Überwachungssysteme.

Bild 21: Überwachung, Steuerung, Regelung

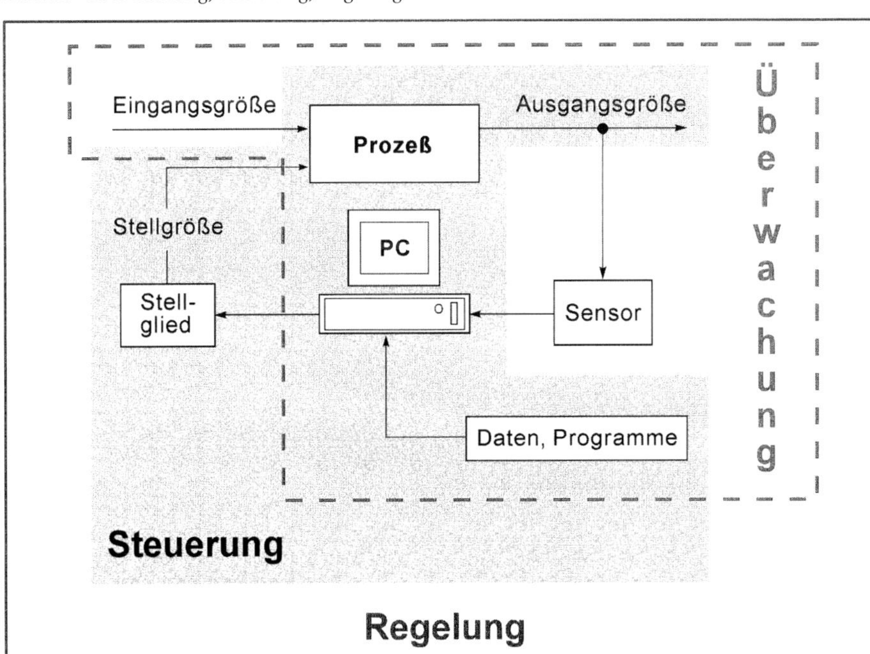

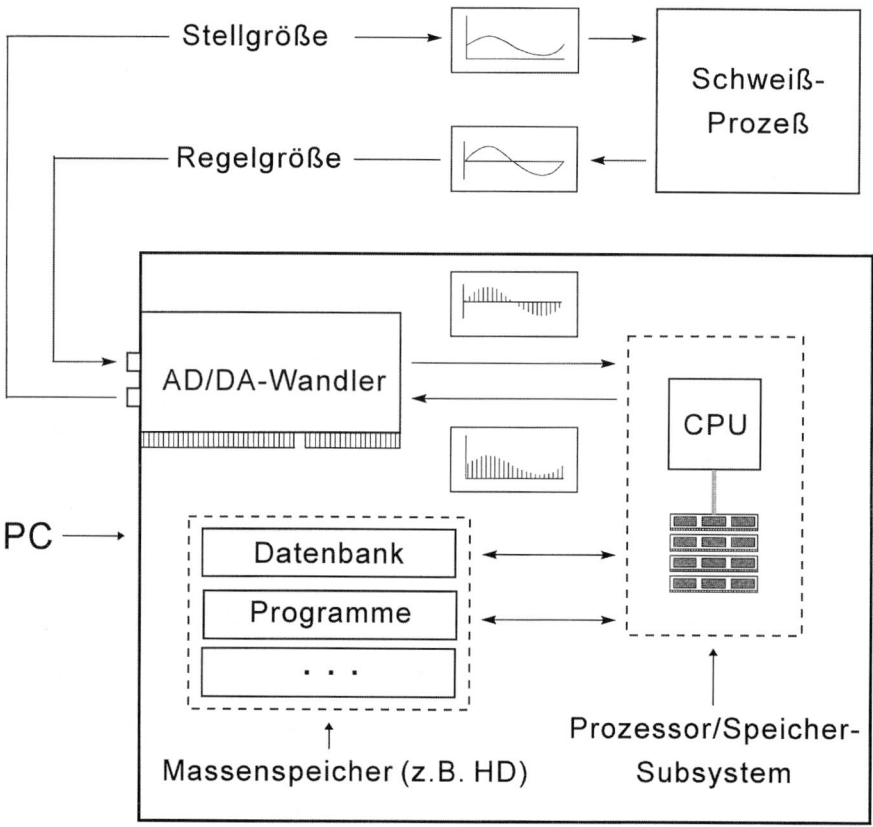

Bild 22: Struktur der Hardware

Bei der Messung und Prozeßüberwachung dient der Rechner dazu, die aufgenommenen Daten zu protokollieren, zu visualisieren und zur Dokumentation und Weiterverarbeitung zu speichern. Bei der Steuerung gibt der Rechner den Wert für die Stellgrößen vor und steuert auf diese Weise nach einem vorgegebenen Programm den Prozeßablauf, ohne eine Rückmeldung über den Ablauf eines Prozesses zu erhalten. Fehler im Prozeßablauf bleiben auf diese Weise unerkannt.

Bei einer Regelung werden Steuerung und Überwachung zu einem geschlossenen Regelkreis zusammengefaßt, *Bild 21.* Bei einer adaptiven Regelung wird die Eingangsgröße so modifiziert, daß sie dem jeweiligen Ist-Zustand des Prozesses angepaßt ist: Beispielsweise wird die Änderung der

Fugengeometrie erfaßt und die Schweißparameter werden an diesen Ist-Zustand angepaßt.

Um einen PC als Meß-, Steuer- und Regelgerät einsetzen zu können, muß er in der Lage sein, einerseits die anfallenden Meßwerte aufzunehmen und andererseits die ermittelten Steuersignale auszugeben, *Bild 22*. Dazu ist die Erweiterung des PC um Analog/Digital (A/D)- bzw. Digital/Analog (D/A)-Wandler notwendig, die auf modernen Laborkarten als Chip vorliegen.

In der Schweißtechnik gibt es eine Vielzahl von Anwendungsbereichen des PC für Meß-, Steuerungs- und Regelungsaufgaben. Einige Beispiele hierzu sollen im folgenden kurz vorgestellt werden.

Ein interessantes Forschungsgebiet ist die Korrelation von eingebrachter Wärme und induzierten Eigenspannungen beim Schweißen dicker Bleche mit hoher Energieeinbringung. Die aufwendige Meßtechnik für diesen Anwendungsfall beim Unterpulverschweißen zeigt *Bild 23*.

Die verschiedenen Meßwerte für Temperatur, Druck und Dehnung werden mit Hilfe der speziell entwickelten PC-Software kontinuierlich erfaßt und verarbeitet.

Ein Problem beim Elektronenstrahlschweißen ist die Bestimmung der Fokussierung und der Leistungsdichte des Elektronenstrahls, die einen erheblichen Einfluß auf die Qualität der Schweißung haben. Aus diesem Grunde wurde das PC gestützte Strahldiagnosegerät ‚DIABEAM‘ entwickelt, das die Leistungsdichteverteilung über dem Strahlquerschnitt bestimmt und am Bildschirm visualisiert, *Bild 24*. Hierdurch wird nicht nur die aufwendige und kostenintensive Suche der optimalen Fokuslage durch Schweißversuche überflüssig, sondern auch der Zeitbedarf bei der Ermittlung optimaler Schweißparameter um 50 bis 70% reduziert.

Die Komplexität des Schweißvorgangs beim Plasma-Pulver-Auftragschweißen (PPA) erfordert bei der Automatisierung des Verfahrens die Koordination mehrerer Anlagenkomponenten. Diese Aufgabe übernimmt eine komplexe Meß- und Steuerungssoftware, wobei das entsprechende Rechnersystem auf einem PC basiert, *Bild 25*.

Ein weiteres Beispiel der Anwendung komplexer Meß- und Steuerungstechnik liegt im Bereich der Elektroden-Standzeitermittlung beim Widerstandspunktschweißen. Dieses Schweißverfahren wird häufig in der Serienfertigung, z. B. im Automobilbau, eingesetzt. Zur Erhöhung der Produktivität wird eine möglichst hohe Kapazitätsauslastung der Schweißeinrichtungen angestrebt. In die speziell entwickelte automatisierte Elektrodenstandmengen-Prüfvorrichtung sind zwei Rechner integriert, wobei einer die Aufgabe der Anlagensteuerung und der zweite die Erfassung und Verarbeitung der Meßwerte übernimmt, *Bild 26*.

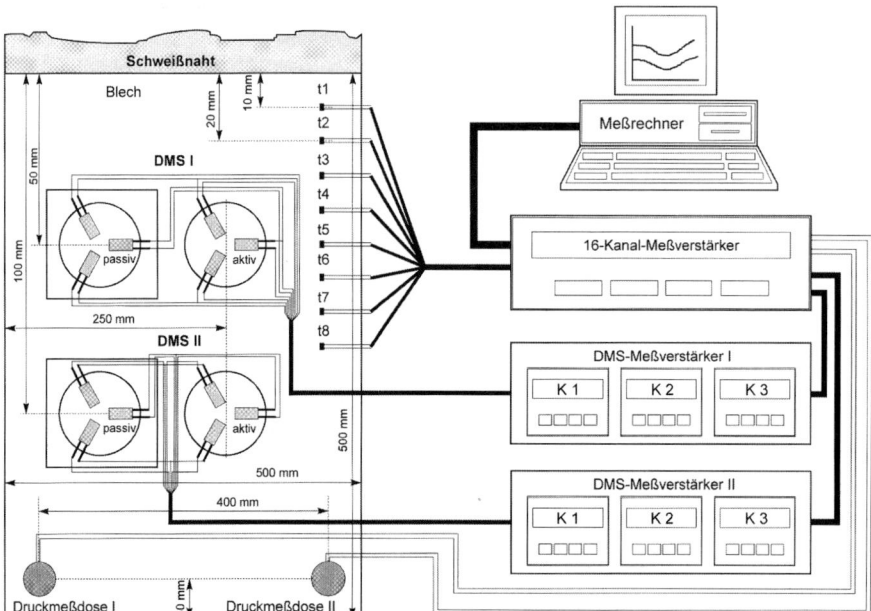

Bild 23: Meßtechnik; Temperatur und Eigenspannung beim UP-Schweißen

Bild 24: Strahlvermessungssystem ‚DIABEAM'

Bild 25: Konzept der Steuerungssoftware der PPA-Anlage

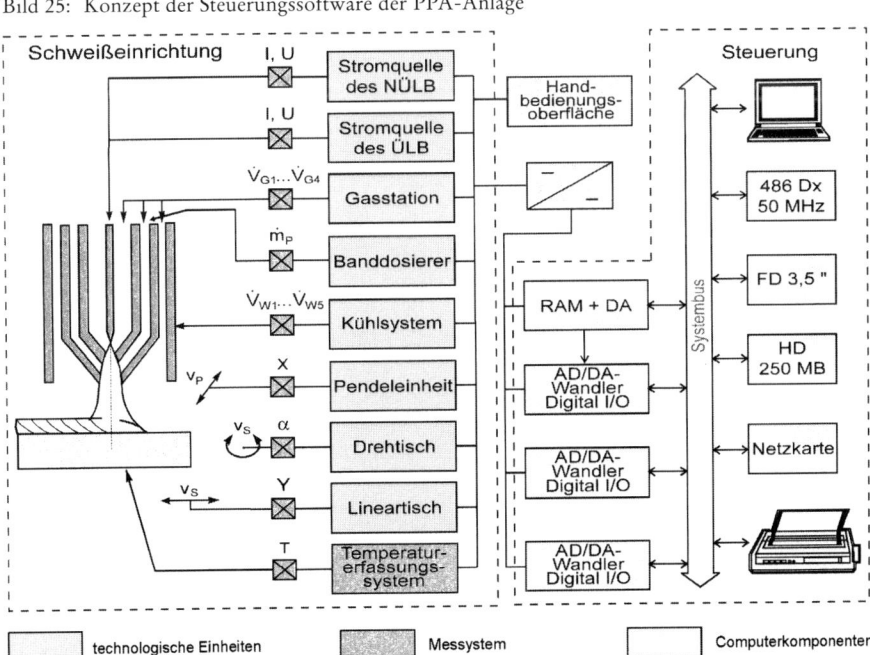

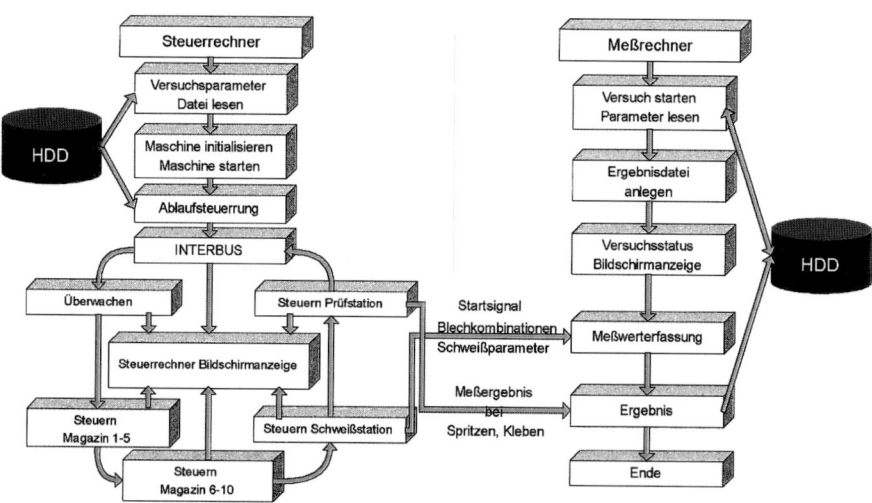

Bild 26: Automatisierte Elektrodenstandmengenprüfvorrichtung

6. Simulationssysteme, Expertensysteme, Fuzzy Logik, Neuronale Netze

Die schnelle Entwicklung der PCs sowohl im Hardware- als auch im Softwarebereich ermöglichte zunehmend die Entwicklung komplexerer Programmsysteme unter Anwendung moderner Methoden der Informatik. Auch für die Schweißtechnik werden bereits seit einigen Jahren derartige Systeme entwickelt.

6.1 Simulationssysteme

Die Simulation erhält mit zunehmender Rechnerleistung der PCs einen immer höheren Stellenwert in der Schweißtechnik. Dabei werden nicht nur Prozeßsimulationen unter Berücksichtigung der konkreten schweißtechnischen Zusammenhänge durchgeführt, sondern auch die Simulation werkstofftechnischer Vorgänge beim Schweißen.

Bild 27: MAGSIM 2 D-Ausgabe zur Simulation der Nahtausbildung

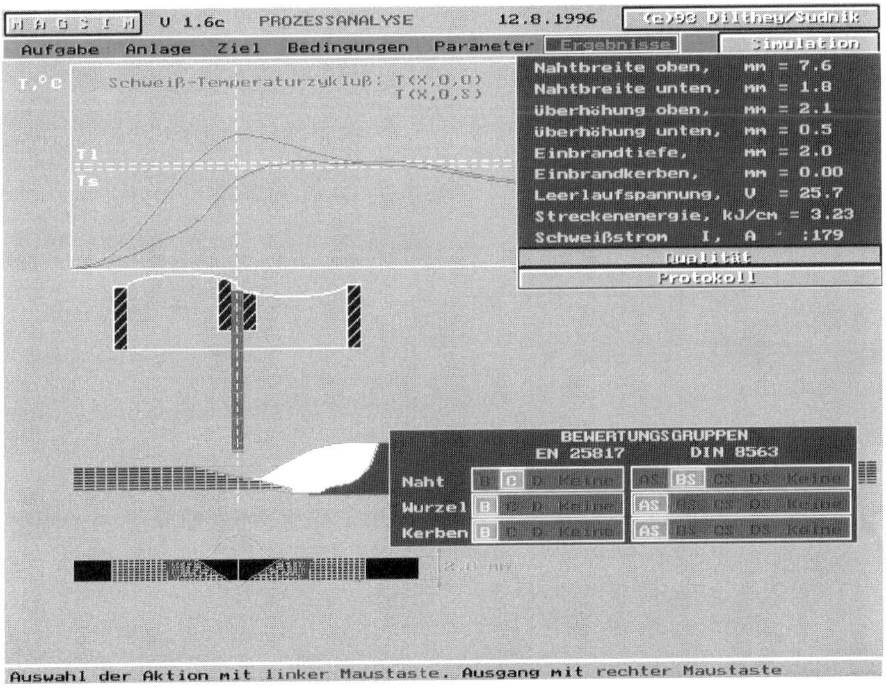

6.1.1 Prozeßsimulation

Das Programm MAGSIM dient der Simulation der Nahtausbildung beim
MAG-Schweißen dünner Bleche. Es ermöglicht dem Benutzer eine schnelle
Ermittlung der Auswirkung von Parameteränderungen auf das Schweiß-
ergebnis, wodurch die Anzahl erforderlicher Probeschweißungen verringert
werden kann, *Bild 27.*

Zusätzliche Programmodule erlauben die statistische Abschätzung der Auswirkung von Toleranzen der Prozeßparameter auf die Nahtqualität und die
automatische Ermittlung optimaler Schweißparameter hinsichtlich wählbarer
Fertigungsziele wie z. B. maximal erreichbare Nahtqualität oder höchstmög-
liche Schweißgeschwindigkeit, *Bild 28.*

Bild 28: Ergebnisse der Optimierung hinsichtlich maximaler Schweißgeschwindigkeit im Kurz-
lichtbogen-Bereich

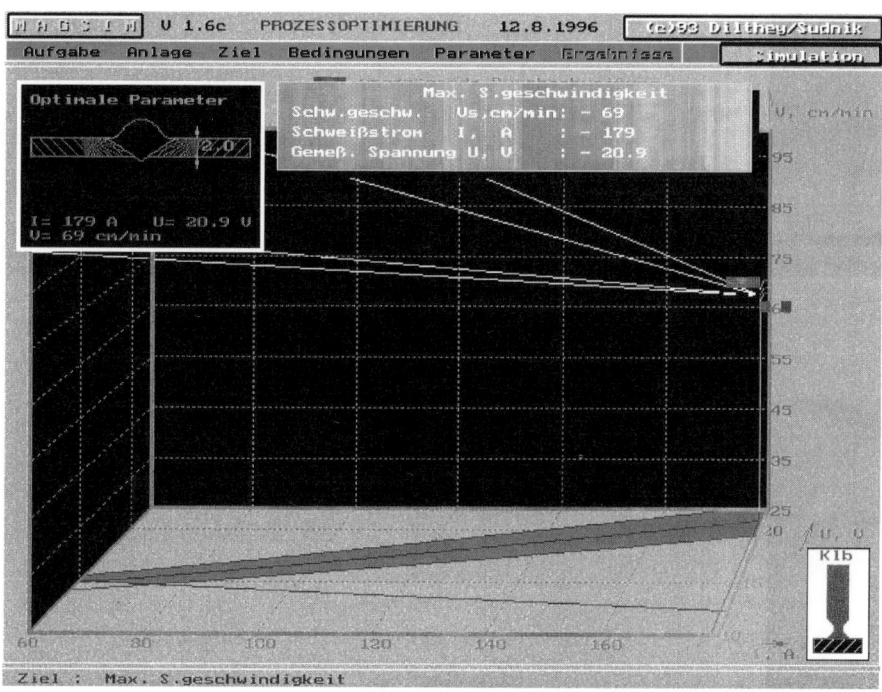

6.1.2 Simulation der Erstarrung und der Kornvergröberung

Zur Simulation der Strukturausbildung metallischer Werkstoffe beim Schweißen wurden im Rahmen des Sonderforschungsbereichs 370 der Deutschen Forschungsgemeinschaft (DFG) an der RWTH Aachen Modelle entwickelt und entsprechende numerische Berechnungen durchgeführt. Die im ISF durchgeführten Simulationsrechnungen basieren hauptsächlich auf einer modifizierten Methode der Zellulären Automaten in Verbindung mit der Finite-Differenzen-Methode. Am Beispiel der Erstarrung einer Legierung im zweidimensionalen Raum mit Phasengrenze kann die Komplexität der Problemstellung verdeutlicht werden, *Bild 29*. Dabei wird der Prozeß durch eine Reihe von Gleichungen definiert, welche die Wärmeleitung, die Kohlenstoffdiffusion, die Wärmeerhaltung, die Masseerhaltung und das Konzen-

Bild 29: Definition des Erstarrungsproblems

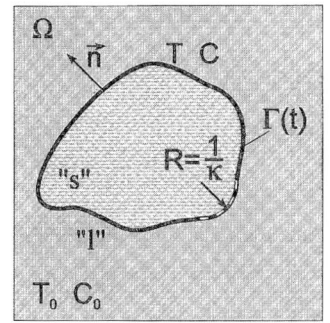

Ω - Raumbereich
Γ - Grenzfläche
t - Zeit
$\vec{n}$ - Normalenvektor
κ - Krümmung
R - Krümmungs radius
T - Temperatur
C - Konzentration
„l" - flüssig
„s" - fest

$$\rho c_m \frac{\partial T}{\partial t} = \vec{\nabla} \cdot (K \vec{\nabla} T) \qquad \frac{\partial C}{\partial t} = \vec{\nabla} \cdot (D \vec{\nabla} C) \qquad \text{in } \Omega \setminus \Gamma(t)$$

$$\rho L \upsilon - K \vec{\nabla} T \cdot \vec{n}\big|_s^l \qquad (C_l - C_s)\upsilon = D \vec{\nabla} C \cdot \vec{n}\big|_s^l \qquad \text{auf } \Gamma(t)$$

$$C_s = k C_l \qquad \text{auf } \Gamma(t)$$

$$T = T_E + (C_l - C_0)m - \frac{\sigma}{S_m}\kappa - \alpha \frac{\sigma \upsilon}{S_m} \qquad \text{auf } \Gamma(t)$$

υ	- Normalen- geschwindigkeit	D	- Diffusionskoeffizient
$\vec{\nabla} T \cdot \vec{n}\big|_s^l$	- Sprung des Temperaturgradienten	ρ	- Dichte
		c_m	- spezifische Wärme
$\vec{\nabla} C \cdot \vec{n}\big|_s^l$	- Sprung des Konzentrationsgradienten	L	- latente Wärme
		S_m	- Schmelzentropie
T_E	- Gleichgewichtsschmelztemperatur	k	- Verteilungskoeffizient
		m	- Liquidus Steigung
C_0	- Gleichgewichtskonzentration	α	- kinetischer Unterkühlungskoeffizient
K	- Wärmeleitungskoeffizient		

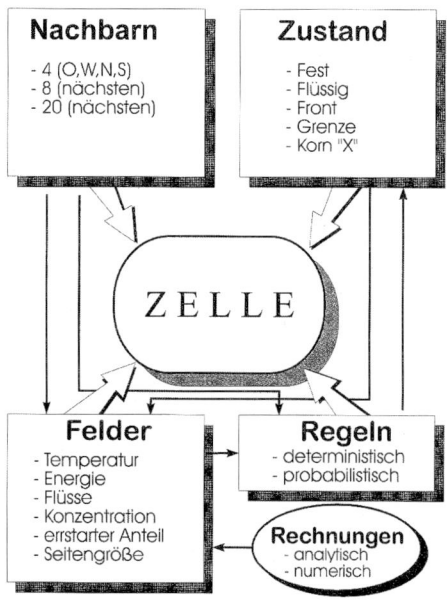

Bild 30: Zelluläre Automaten Modellierung

Bild 31: Simulation der dendritischen Erstarrung

System : Succinonititrile - 5,5 mol% Aceton . V=10.0 μm/s ; G=67 K/cm

trationsverhältnis zwischen fester und flüssiger Phase beschreiben. Dabei befindet sich die Phasengrenze in einem lokalen Gleichgewicht der beiden Phasen, so daß eine Gleichgewichtstemperatur für diesen Zustand definiert werden kann.

Bei der Modellierung mit Hilfe der Methode der Zellulären Automaten werden verschiedene Einflußfaktoren auf die Zelle und deren Wechselwirkungen untereinander berücksichtigt, *Bild 30.*

Zur Untersuchung der dendritischen Erstarrung wird das zweikomponentige Modellsystem Succinonitrile/Azeton wegen der guten Beobachtbarkeit von verschiedenen Forschungsgruppen genutzt. Deswegen wurde die Erstarrung dieses Systems zur Validierung des Zelluläre Automaten-Modells simuliert, *Bild 31.* Die Ergebnisse zeigen deutlich die dendritische Struktur und die Ausbildung des Konzentrationsfeldes des Azetons.

Die nachfolgenden Beispiele zeigen die Simulationsergebnisse für die Erstarrung eines Fe-0,11%C binären Systems. Das *Bild 32* zeigt zwei simulierte Dendritenmorphologien bei unterschiedlichen Erstarrungsgeschwindigkeiten, die unterschiedlichen Schweißgeschwindigkeiten entsprechen. Hierbei wird die relative Kohlenstoffkonzentration durch verschiedene Graustufen gekennzeichnet. Die Erstarrung ist in beiden Fällen von einer planaren Front ausgegangen. Nach bestimmter Zeit entwickeln sich Instabilitäten der Front, die später eine zelluläre Erstarrungsstruktur bilden. Solche Strukturen können häufig in Schweißschliffen gefunden werden. Der Vergleich beider Bilder zeigt den Einfluß der Erstarrungsgeschwindigkeit auf die resultierende Morphologie.

Mit Hilfe des Zelluläre Automaten-Modells kann auch das Wachstum eines thermischen Dendriten in einer unterkühlten Schmelze simuliert werden, *Bild 33.*

Die Simulation der Kornvergröberung startet mit einer Kornstruktur aus ca. 32 000 Körnern, die aus der Rekristallisationssimulation stammen. Diese Ausgangs-Kornstruktur wird im oberen Teil des *Bildes 34* gezeigt. Im unteren Teil ist ein Simulationergebnis für das Kornwachstum unter nichtisothermen Bedingungen dargestellt. Auf der rechten Seite des Simulationsbereiches beträgt die Temperatur 1000 K. Die Temperatur steigt linear bis zur linken Seite auf 1500 K. Dabei entspricht die ausgebildete Kornstruktur jeweils den lokalen Bedingungen. In der realen Animation der Simulation ist dieses Kornwachstum sehr gut zu beobachten. Das Modell reproduziert die Topologie der Körner. Die Winkel bei einem Aufeinandertreffen von drei Korngrenzen streben einem Wert von 120° zu. Es wurde beobachtet, daß Körner mit mehr als sechs Nachbarn wachsen, solche mit weniger als sechs Nachbarn schrumpfen.

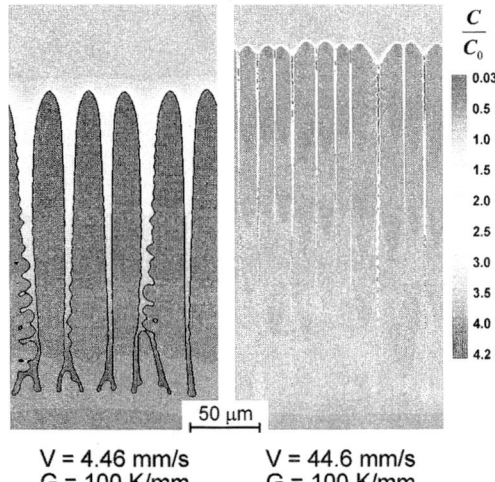

V = 4.46 mm/s   V = 44.6 mm/s
G = 100 K/mm   G = 100 K/mm

Legierung : Fe - 0.11 %C

Gittergröße : 300x600 Zellen

Bild 32:   Gerichtete Erstarrung

Bild 33:   Thermischer Dendrit

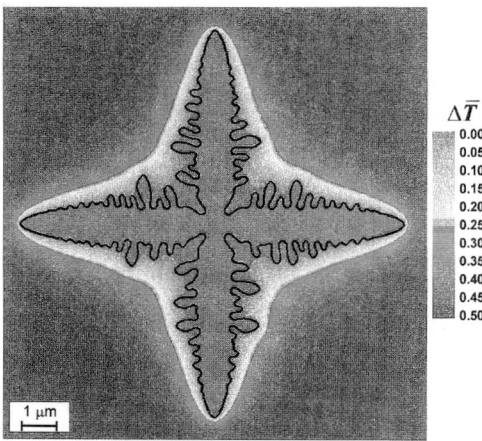

Freies Wachstum eines Nickel Dendriten in
einer unterkühlten Schmelze

Dimensionslose Unterkühlung zu Beginn

$$\Delta \overline{T} = \frac{T_E - T}{L} c_m = 0.5$$

Gittergröße 600x600 Zellen

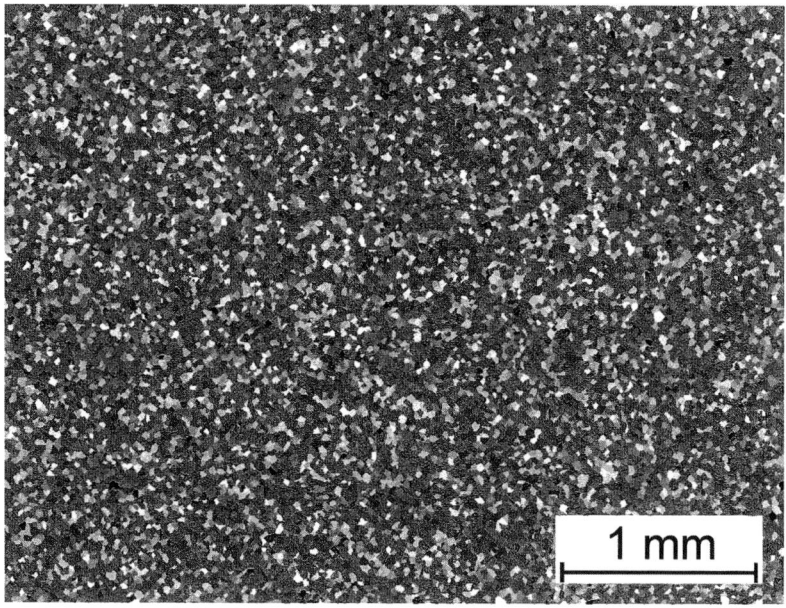

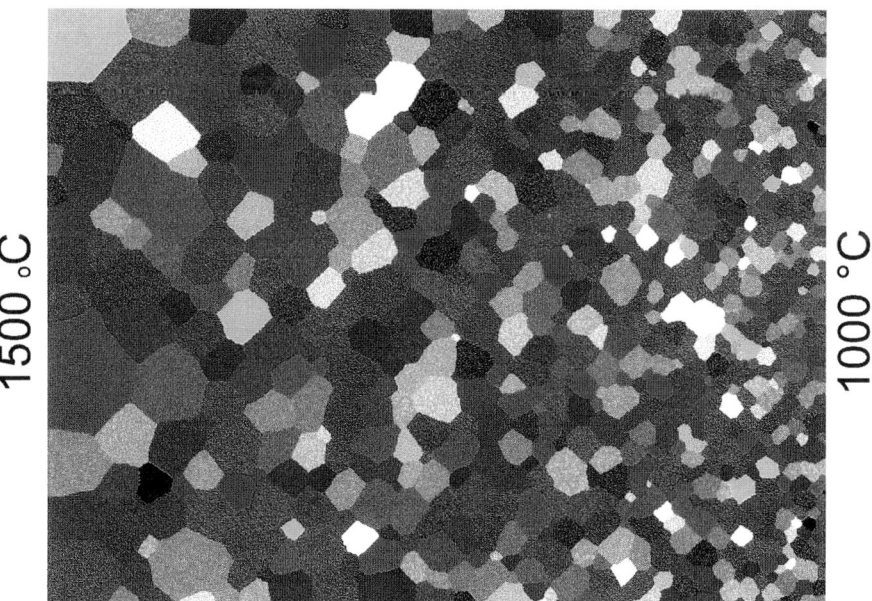

Bild 34: Kornwachstum bei Temperatur-Gradient, Echtzeit 40 s

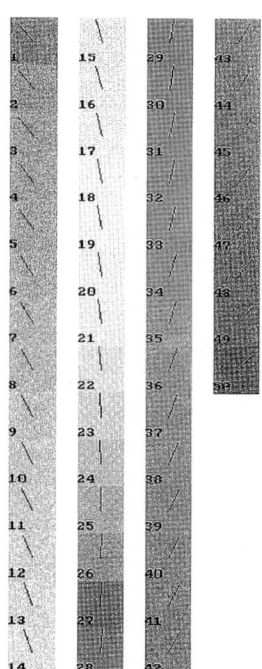

Kornorientierung <10> Richtung

Gittergröße 200x480

Legierung : Fe- 0.11 % C. Schweißbedingungen :
Schweißgeschwindigkeit : V=0.5 (mm/s)
Temp.-Gradient flüssig-fest-Grenze G=100 (K/mm)

Bild 35: Kornwachstum im Schmelzbad

Das Modell verwendet Realzeit, was im Hinblick auf die Simulation realer Schweißvorgänge besonders wichtig ist.

Auch die Kornstruktur im Schmelzbad kann mit Hilfe der Simulation auf Basis Zellulärer Automaten bestimmt werden, *Bild 35*. Die Verteilung der Körner auf der Schmelzlinie wird dabei durch die oben beschriebene Kornvergröberungssimulation erzielt.

Die oben beschriebenen Modelle zur Simulation werden aufgrund der sehr rechenintensiven Vorgänge auf leistungsfähigen Workstations ermittelt und vernetzten sehr schnellen PCs ermittelt.

6.2 Expertensysteme

Ein großer Teil schweißtechnischer Fragestellungen läßt sich aufgrund der Komplexität des Schweißprozesses und der Vielzahl der Einflußfaktoren sowie deren Wechselwirkungen untereinander nur begrenzt durch exakte Berechnungen und Vorgaben realisieren. Da hier die konventionellen Programmiertechniken an ihre Grenzen stoßen, bietet sich der Einsatz von Expertensystemen an. Diese Systeme können große Mengen Wissen speichern. Dabei kann neben konkretem Wissen auch vages, unvollständiges und unsicheres Wissen genutzt werden, um konkrete Problemlösungen daraus abzuleiten, *Bild 36*.

Das Expertensystem MAGWIN zur Parameterermittlung und Prozeßoptimierung beim MAG-Schweißen unterstützt den Bediener bei der Optimierung eines eingestellten Schweißprozesses. Es besteht aus den Hauptkomponenten Bedienoberfläche, Steuerungsmodul, Wissensbasis, Datenbank und Berechnungsprogramm, *Bild 37*.

Schwierigkeiten ergeben sich bei Expertensystemen immer dann, wenn bei einer Vielzahl von Eingangsgrößen scharfe Grenzen zur Bewertung der linguistischen Parameter angenommen werden. Daher wurde in MAGWIN zusätzlich zur konventionellen Wissensbasis eine auf Fuzzy Logik basierende Regelbasis integriert.

Bild 36: Allgemeine Architektur eines Expertensystems

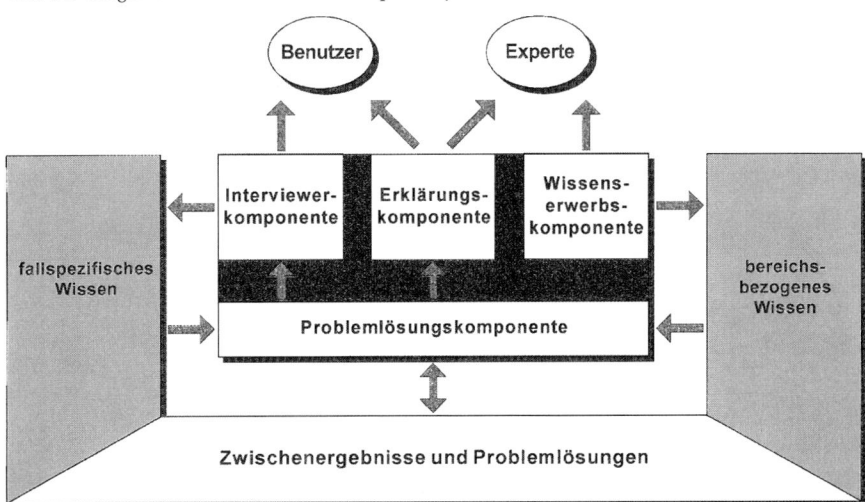

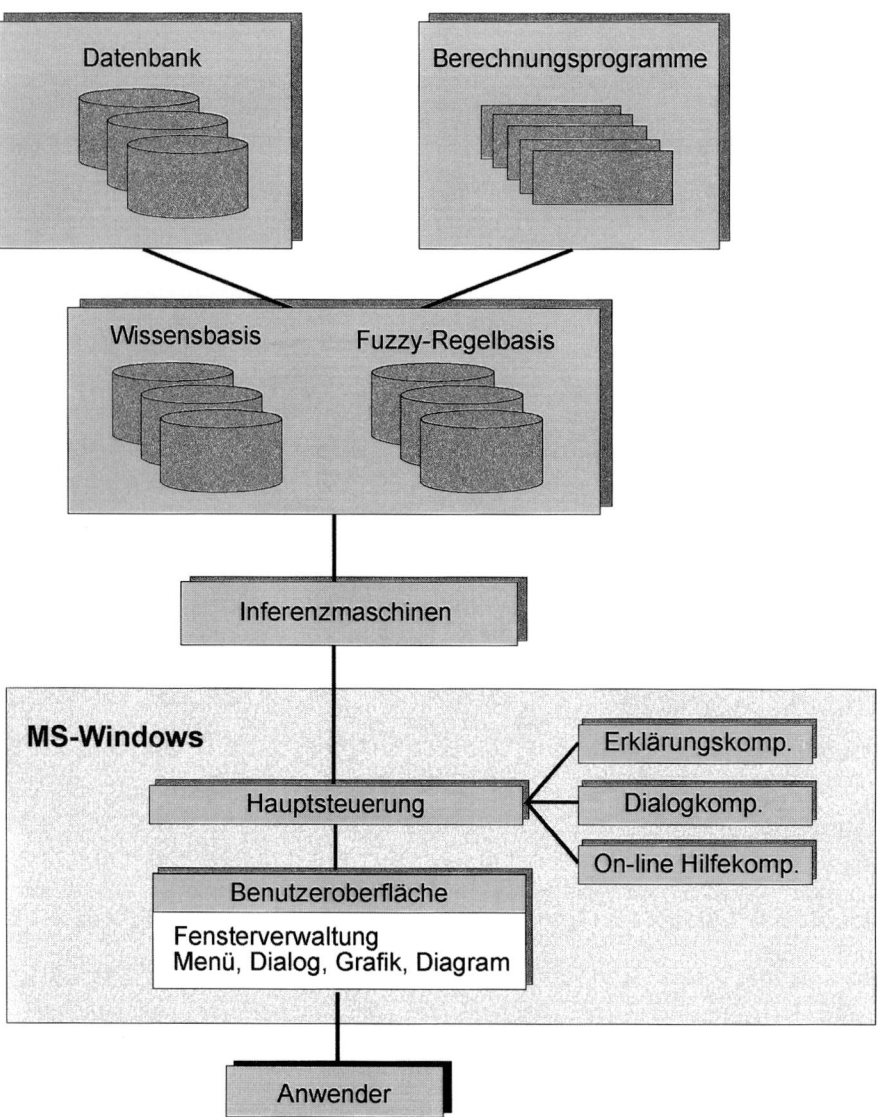

Bild 37: Struktur von MAGWIN

6.3 Fuzzy Logik

Fuzzy Logik ermöglicht die Darstellung ‚unscharfen' Wissens durch die Zuweisung linguistischer Werte zu linguistischen Variablen. Ein Beispiel für eine linguistische Variable ist die Körpergröße eines Menschen, *Bild 38*. Umgangssprachlich wird von kleinen und großen Menschen gesprochen, selten aber von exakten Werten. Die Begriffe ‚groß' und ‚klein' sind also linguistische Werte, die der linguistischen Variablen ‚Körpergröße' zugewiesen werden können. Die Zuordnung erfolgt durch einen Zugehörigkeitsgrad, der mittels Zugehörigkeitsfunktionen, meist in Form von Trapez- oder Dreiecksform dargestellt, ermittelt wird. Demnach gehört eine Körpergröße von 1,90 m zu einem Grad von 0,74 der Menge ‚sehr große Körpergröße' und zu einem Grad von 0,16 der Menge ‚große Körpergröße' an.

Sind die Zugehörigkeitsfunktionen der Ein- und Ausgangsvariablen definiert, folgen verschiedene Arbeitsschritte zur Ermittlung eines Ergebnisses in Form eines Zahlenwertes, *Bild 39*. Dies soll im folgenden anhand eines vereinfachten Beispiels erläutert werden. Die Fragestellung dazu lautet: „Wie hoch muß die Drahtvorschubgeschwindigkeit eingestellt werden, wenn die Fugenbreite b = 1,3 mm und die Schweißgeschwindigkeit v = 0,5 m/min beträgt?"

Zunächst werden die einzelnen Zugehörigkeitsgrade zu den entsprechenden Zugehörigkeitsfunktionen ermittelt. Die Berechnung des Gesamtübereinstimmungsgrades erfolgt durch die Verknüpfung der einzelnen Zugehörigkeitsgrade innerhalb einer Regel. Dabei kommen verschiedene Operatoren zum

Bild 38: Körpergröße als Fuzzy-Set

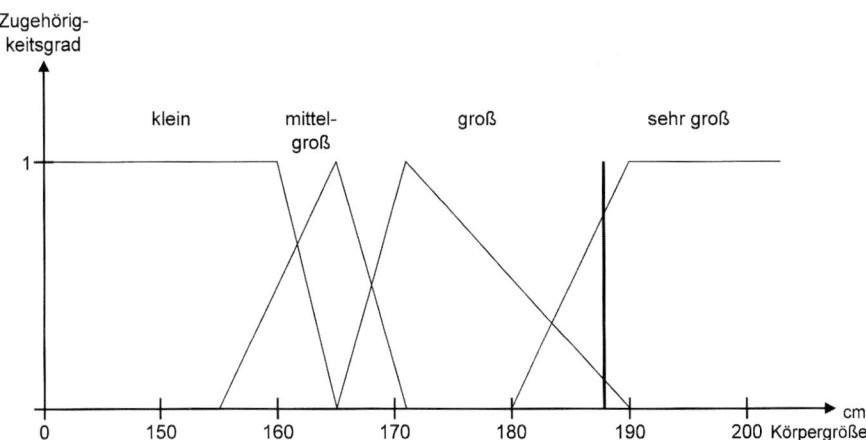

Wenn Fugenbreite = klein **und** Schweißgeschwindigkeit = mittel
dann Drahtvorschub = hoch

Wenn Fugenbreite = mittel **und** Schweißgeschwindigkeit = hoch
dann Drahtvorschub = hoch

A: Regelbasis

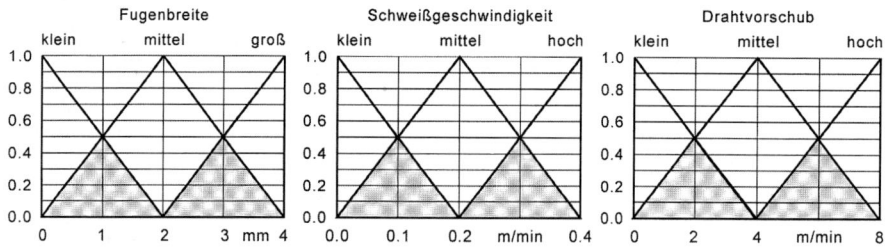

B: Zugehörigkeitsfunktionen der Eingangsgrößen und der Ausgangsgröße

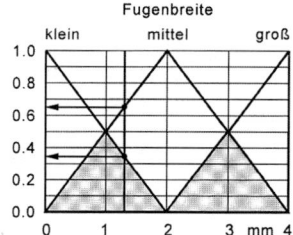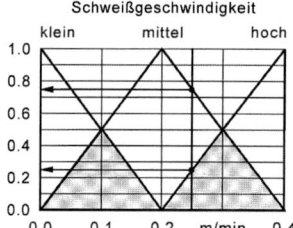

C: Ermittlung der Übereinstimmungsgrade

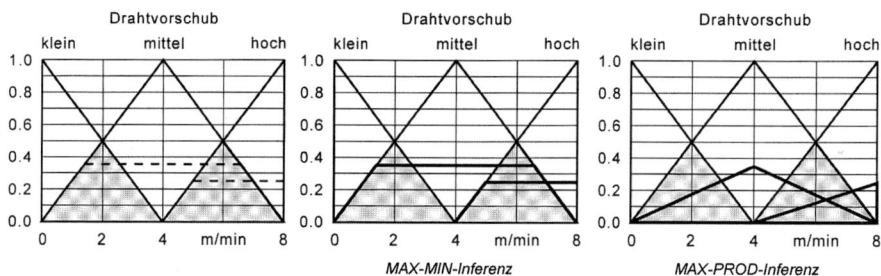

MAX-MIN-Inferenz   MAX-PROD-Inferenz

D: Inferenzbildung

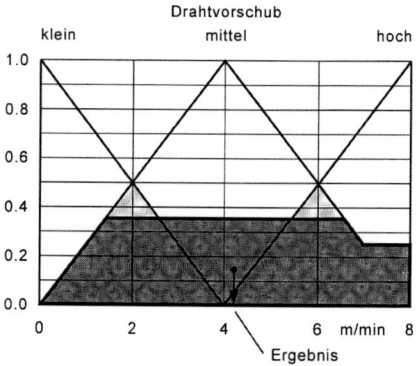

E: Akkumulation und Defuzzifizierung

Einsatz, die denen der Booleschen Algebra ähnlich sind. Der nächste Schritt ist die Inferenzbildung, wobei alternativ zwei verschiedene Methoden angewandt werden können. Bei der MAX-MIN-Inferenz werden die Terme der linguistischen Ausgangsvariable Drahtvorschubgeschwindigkeit jeweils auf den Übereinstimmungsgrad der entsprechenden Vorbedingung begrenzt, d. h. abgeschnitten (Minimum). Bei Anwendung der MAX-PROD-Inferenz werden die unscharfen Terme der Ausgangsvariable nicht einfach begrenzt, sondern es wird das Produkt aus der unscharfen Menge und dem Übereinstimmungsgrad der jeweiligen Vorbedingung gebildet. Anschließend erfolgt die Akkumulation dieser Teilschlußfolgerungen zur Gesamtschlußfolgerung, wobei wiederum unterschiedliche Operatoren eingesetzt werden. Mit dem Maximum-Operator ergibt sich im beschriebenen Beispiel die in *Bild 39 (d)* dunkel dargestellte Fläche. Der letzte Schritt ist die Berechnung eines scharfen Ausgangswertes mittels Defuzzifizierung, d. h. die Rückübersetzung der Zugehörigkeitsfunktion der Ausgangsgröße in einen repräsentativen Zahlenwert. Bei der Schwerpunktmethode entspricht die physikalische Ausgangsgröße dem Abszissenwert des berechneten Flächenschwerpunktes.

Weitere Entwicklungen der Expertensystemtechnologie führen derzeit zur Online-Anbindung an den Schweißprozeß, *Bild 40*. Das Expertensystem MAGWIN wurde zur Online-Regelung des Schweißprozesses über einen PC-

◁ Bild 39: Arbeitsschritte der Fuzzy-Regelung

Bild 40: Online-Prozeßoptimierung mit dem Expertensystem MAGWIN

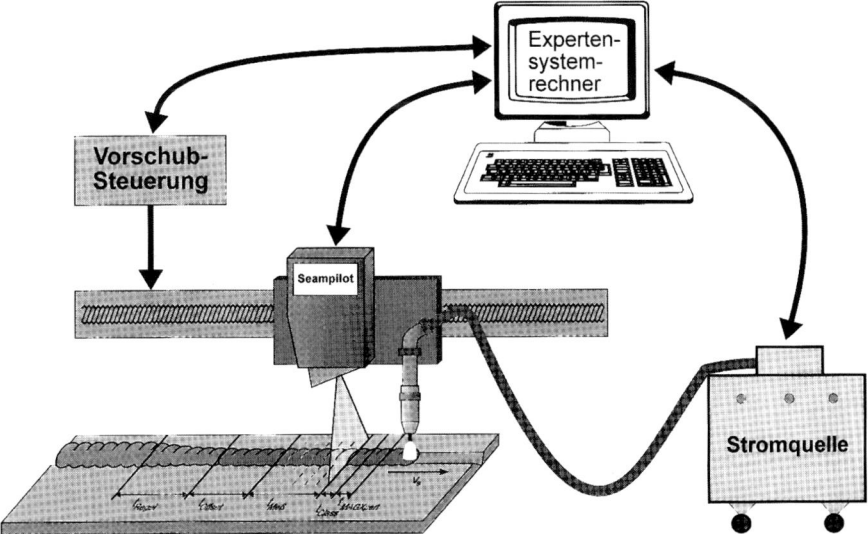

Prozeßrechner mit der Schweißstromquelle und der Vorschubsteuerung der Schweißanlage verbunden. Es ermöglicht eine Optimierung der Schweißparameter während des Schweißens, wobei eine Beurteilung des Schweißergebnisses auf der Fuzzy Logik-basierten Auswertung der mittels Laserscanner vermessenen Naht in Kombination mit den gemessenen tatsächlichen Schweißparametern beruht.

6.4 Neuronale Netze

Ein anderer Bereich der Künstlichen Intelligenz, der mit der Weiterentwicklung des PC auch in der Schweißtechnik verstärkt Einzug hält, sind künstliche neuronale Netze (KNN). Die Idee beruht auf der Nachbildung der Struktur und der Funktionalität des natürlichen Gehirns, um dessen Lernfähigkeit zu erreichen. Beim Menschen liegen unter jedem Quadratmillimeter der Hirnrinde etwa 100 000 Nervenzellen (Neuronen), die eng miteinander vernetzt sind. Diese Vernetzung der Neuronen untereinander wird durch sogenannte Axone und den Dendritenbaum eines Neurons realisiert, *Bild 41*. Der Dendritenbaum kann als Eingabebereich eines Neurons angesehen werden, da hier die zu verarbeitenden Signale ankommen, wohingegen die Axone die Ausgabe des Neurons an andere Neuronen weiterleiten. Ein Neuron summiert nun die elektrischen Potentiale der mit Hilfe des Dendritenbaums empfangenen Signale auf, und wenn diese einen bestimmten Schwellenwert überschreitet, wird ein kurzer elektrischer Impuls erzeugt, der über das Axon an andere Neuronen weitergeleitet wird. Bei den künstlichen neuronalen Netzen wird versucht, diese Funktionalität nachzubilden. Dazu werden die Neuronen als Schalter realisiert, die eingehende Signale aufsummieren und bei der Erreichung eines Schwellenwertes wiederum ein Schaltsignal weitergeben.

Diese künstlichen Neuronen werden ähnlich dem natürlichen Vorbild miteinander verbunden, also die Ausgabe eines Neurons mit einem oder mehreren Eingänge anderer Neuronen verbunden. Diese schichtartige Vernetzung bildet dann die Struktur eines KNN, wobei die Ausgänge der Neuronen einer Schicht immer mit den Eingängen der Neuronen der nächsten Schicht verbunden sind, *Bild 42 (oben)*. Diese Struktur wird dynamisch durch die Zuweisung von Gewichtsfaktoren zu den einzelnen Eingängen eines Neurons. Das Verhalten eines KNN wird im wesentlichen durch diese Gewichte bestimmt. Die optimalen Werte dieser Gewichte werden in der Lernphase bestimmt. In der Lernphase werden mit Hilfe von Trainingsdatensätzen, die sowohl Eingangswerte für das Netz als auch die gewünschte Ausgabe enthalten, Fehlerwerte für die einzelnen Gewichte bestimmt und diese entsprechend korrigiert.

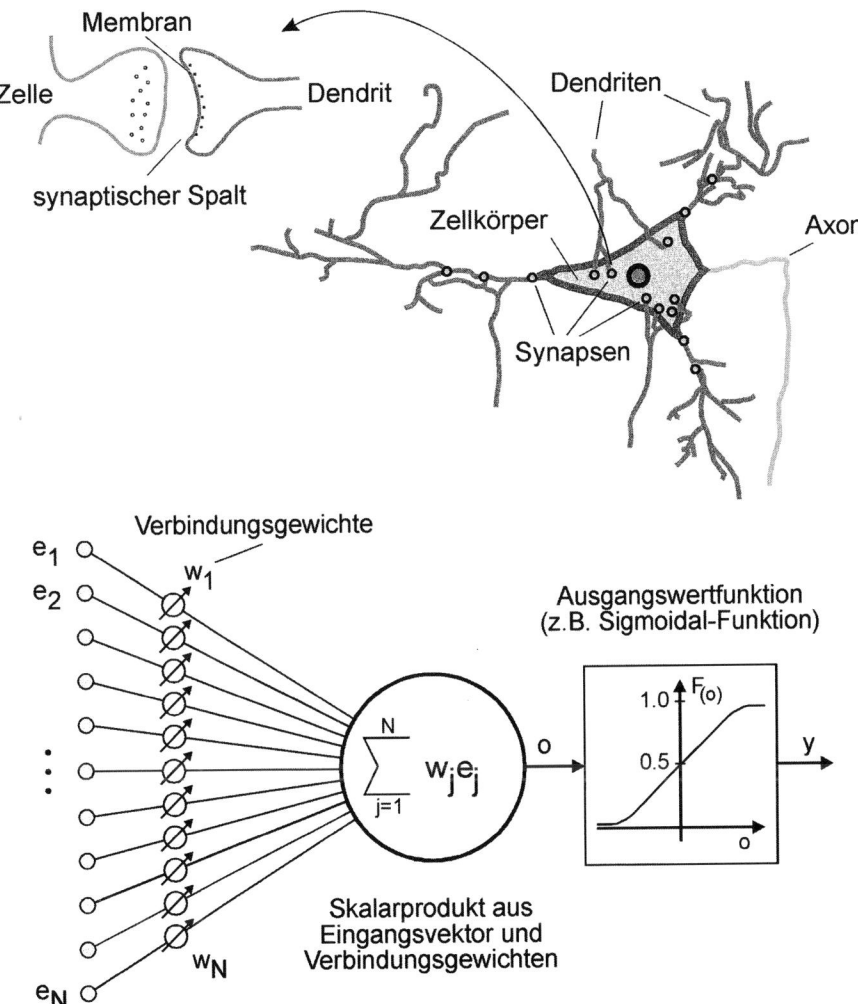

Bild 41: Nachbildung eines menschlichen Neurons

Trotz intensiver Bemühungen in der Forschung erreichen neuronale Netze nicht annähernd die Leistung des menschlichen Gehirns, wie in *Bild 42 (unten)* dargestellt. Neuronale Netzwerkprogramme, die Gleitpunktarithmetik und keine spezielle Hardware verwenden, haben ungefähr die Leistung eines Wurms, das Programm Brain-Maker von California Scientific Software, das Ganzzahlarithmetik verwendet, ist halb so gut wie eine Küchenschabe. Bei dem Prozessor INTEL 80170 handelt es sich um ein neuronales Netz, das als

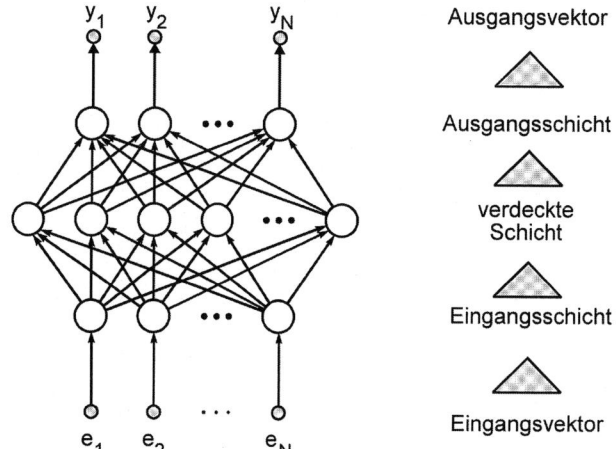

Struktur eines Neuronalen Netzes

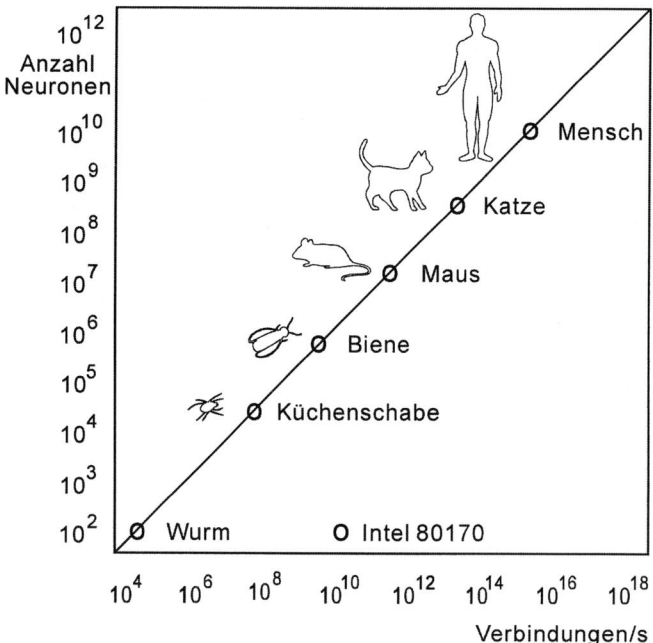

Leistungsvergleich BNN - KNN

Bild 42: Neuronale Netze

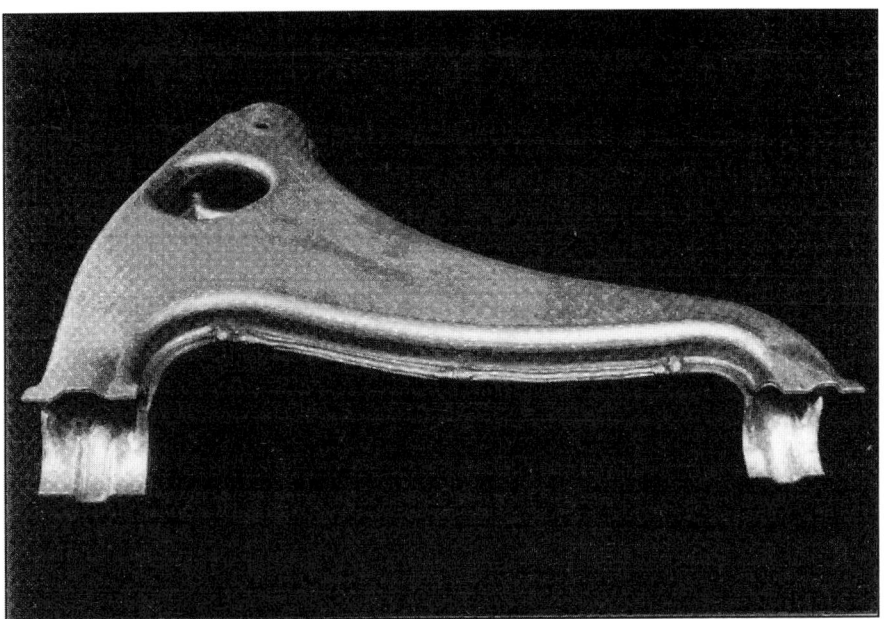

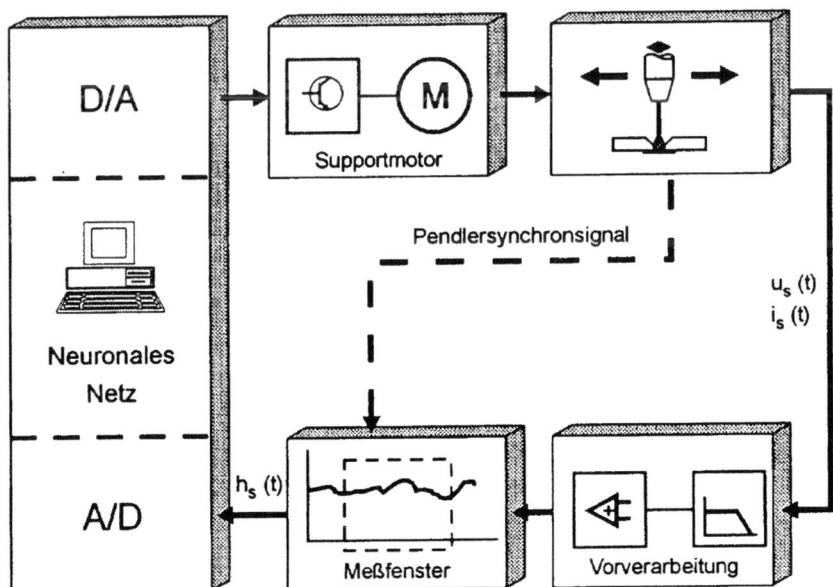

Bild 43: Beispiel für den Einsatz eines neuronalen Netzes in der Schweißtechnik
oben: das geschweißte Werkstück (PKW Achsschwinge)
unten: Integration eines neuronalen Netzes in die Steuerung

Hardware-Chip realisiert ist. Unter der Annahme, daß sich die Leistung neuronaler Netzwerke in ähnlicher Form so rasant wie die von Speichern und Prozessoren entwickelt, könnten neuronale Netzwerke in 120 Jahren die Leistungsfähigkeit des menschlichen Gehirns erreicht haben.

Ein Beispiel für den Einsatz neuronaler Netze in der Schweißtechnik ist die Anwendung im Bereich der Lichtbogensensorik, *Bild 43*. Durch Auswertung der Prozeßsignale mit Hilfe des trainierten neuronalen Netzes ist der Lichtbogensensor in der Lage, bei Überlappstößen eine korrekte Positionierung des Brenners zur Naht während der Schweißung vornehmen zu können.

6.5 Genetische Algorithmen

Bei der Lösung von Optimierungsproblemen stoßen konventionelle Methoden bei Vorhandensein vieler lokaler Extrema an ihre Grenzen, da Standardsuchverfahren hier häufig stecken bleiben, *Bild 44 (links)*. Die Entwicklung der Hardware ermöglichte es auch hier, ein bereits seit vielen Jahren bekanntes Verfahren zur Nachbildung der natürlichen Evolution für Optimierungsprobleme auch für technische Problemstellungen anwendbar zu machen. Genetische Algorithmen können dabei auf verschiedene Extrema zusteuern und somit die Wahrscheinlichkeit erhöhen, relativ schnell eine gute Lösung zu finden, *Bild 44 (rechts)*. In Abhängigkeit von der Problemstel-

Bild 44: Optimierungsprozesse

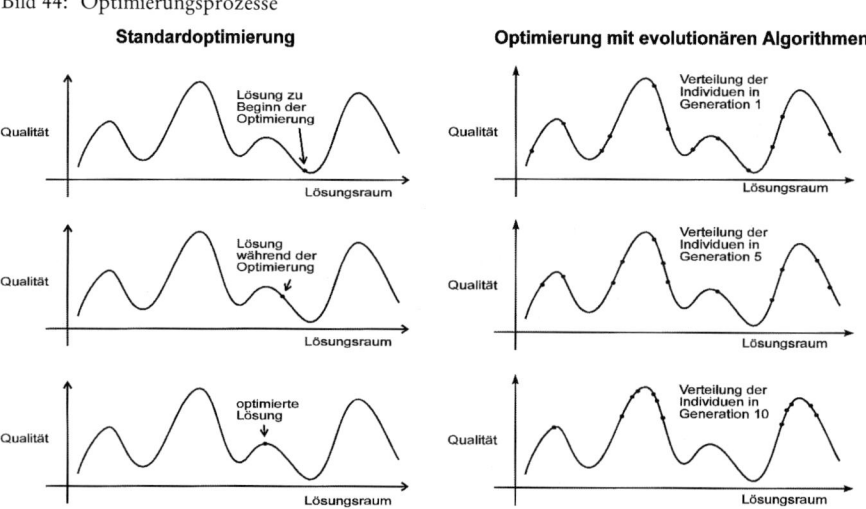

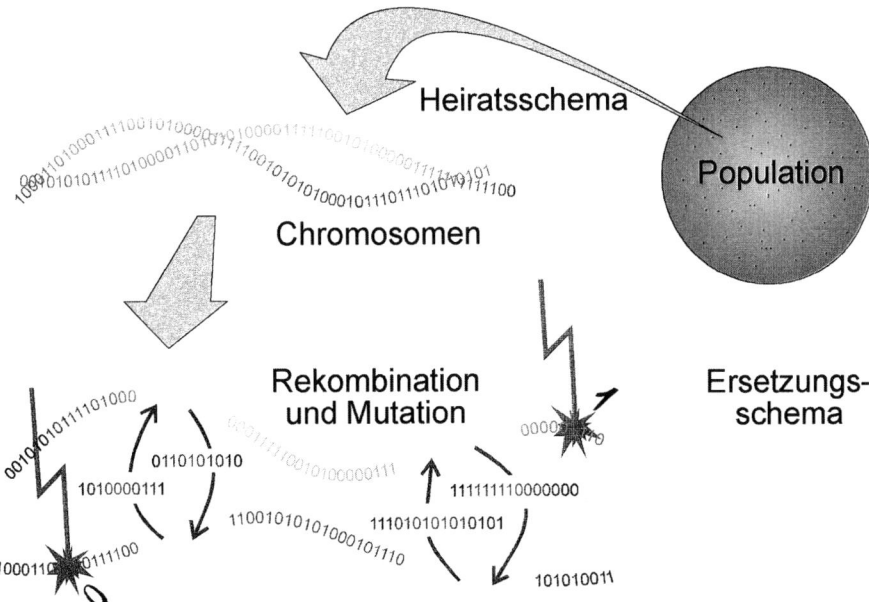

Bild 45: Genetische Algorithmen

lung wird die Populationsgröße einer Generation gewählt, *Bild 45*. Während der Optimierung werden dann, ausgehend von einer Anfangspopulation, immer neue Generationen erzeugt, bis entweder ein Zeitlimit oder aber eine Lösung mit ausreichender Qualität erreicht wurde. Mögliche Lösungen bei genetischen Algorithmen beispielsweise können über Mutation oder sexuelle Rekombination über den gesamten Lösungsraum verteilt werden. Für die Auswahl der besten Lösungen muß eine Qualitätsfunktion vorgegeben werden, nach der die besten und einige weniger geeignete Lösungen ausgewählt werden.

In der Schweißtechnik wird derzeit im Rahmen eines Forschungsprojektes die Eignung genetischer Algorithmen zur Steigerung der Effizienz von Expertensystemen bei der Optimierung von Schweißparametern zum Metall-Aktivgasschweißen untersucht, *Bild 46*. In einem Qualitätsregelkreis werden Rückschlüsse aus der Beurteilung der Nahtgeometrie auf die Randbedingungen und die Parameterwahl gezogen. Hilfsmittel dazu sind neuronale Netze und genetische Algorithmen.

Zukünftig wird sich die Forschung im Bereich der Anwendung von KI-Methoden in verstärktem Maße der Kombination und Integration verschiedener Methoden widmen. Zur Kombination von Expertensystemen, Fuzzy

Logik und neuronalen Netzen miteinander sind bereits einige Beispiele bekannt, die Integration von evolutionären Methoden wird in der Zukunft
voraussichtlich zunehmende Beachtung finden, *Bild 47.*

Bild 46: Regelkreis Qualitätssicherung

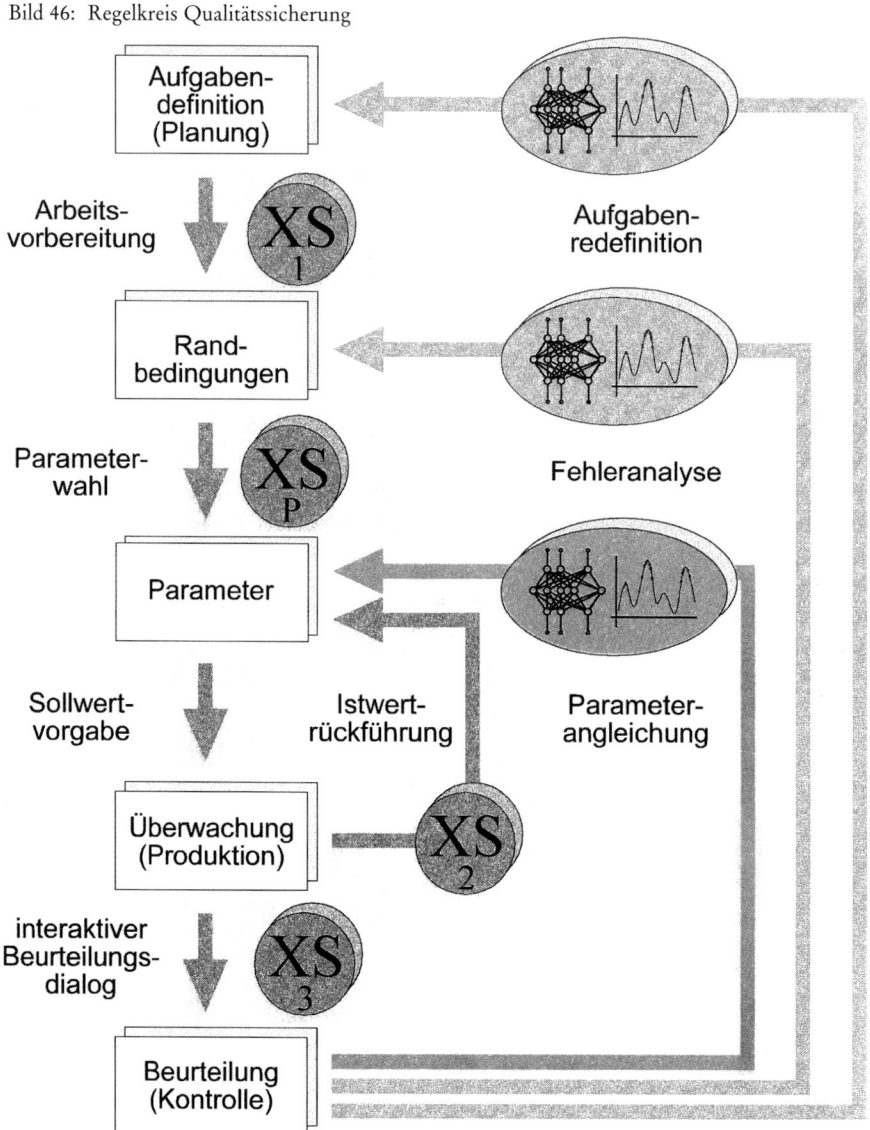

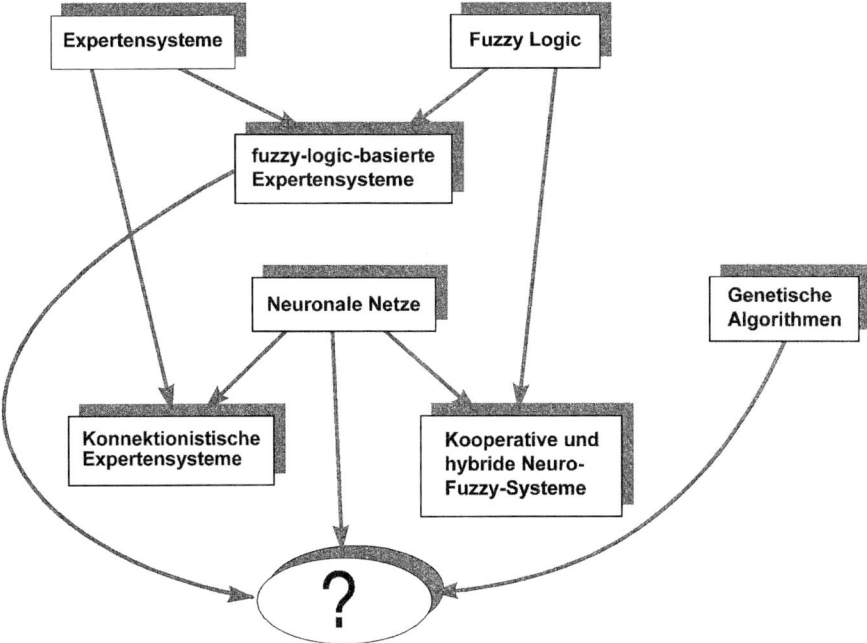

Bild 47: KI-Methoden

7. Computernetzwerke

Die schnelle Entwicklung der Hardware setzt sich auch in der Technik zur Vernetzung der Rechnersysteme fort. Die Kommunikation über Rechnersysteme sowohl in Local Area Networks (LAN) als auch durch weltweite Vernetzung über Knotenpunkte, die verstärkt auch von kommerziellen Anbietern betrieben werden, nimmt stetig zu. *Bild 48* zeigt beispielhaft die interne Vernetzung der PCs in einzelnen Bereichen im ISF sowie die Verbindung mit weiteren Instituten der RWTH Aachen und die weltweite Anbindung an das Internet über das Rechenzentrum der RWTH Aachen.

Die zunehmende Vernetzung ermöglicht in Zukunft neue Ansätze des Einsatzes von Computern in der Schweißtechnik. Der gesamte Entwicklungsprozeß vom Entwurf bis zur Herstellung kann stärker verzahnt werden. Desweiteren können durch Ferndiagnose Systeme jederzeit vom Hersteller vor Ort gewartet werden.

Doch Computer werden nicht nur unser Berufsleben, sondern mehr und mehr auch unser Privatleben beeinflussen. Beispielsweise werden durch die

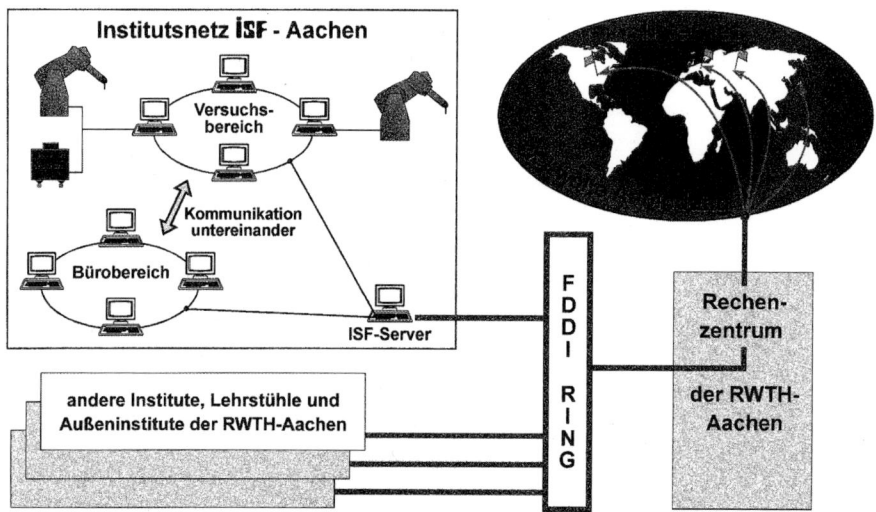

Bild 48: Einbindung der PC in Netzwerke

Anbindung an die weltweite Datenautobahn Online-Dienste wie Tele-shopping und Telebanking zunehmend genutzt, *Bild 49*. Hardwaretechnisch wird dies heute durch schnelle Modems und ISDN-Technologie erheblich beschleunigt. Über Telefonleitungen wird der Zugang zu Anbietern von Online-Diensten ermöglicht, die die weiteren Verbindungen herstellen.

Ein weiterer Bereich, in dem die Entwicklung der Hardware und vor allem die Miniaturisierung der Computer eine große Rolle spielt, ist die Medizin-technik, so zum Beispiel bei der Entwicklung von mikroprozessorgesteuerten Herzschrittmachern.

8. Ausblick

Moderne Kommunikationstechniken verfügen über ein hohes Wachstums-potential. Die heute noch nicht absehbare Entwicklung wird die Welt grund-legend verändern und den technischen Fortschritt nachhaltig beeinflussen. Dieser Weg wurde jedoch nur möglich, weil durch die rasante Entwicklung des PCs preisgünstige, intelligente, kommunikationsfähige Einheiten zur Ver-fügung standen.

Hans Geyer, General Manager bei Intel Europe, bringt den Fortschritt in der Entwicklung des PC so auf den Punkt: „Wenn sich die Automobilindustrie

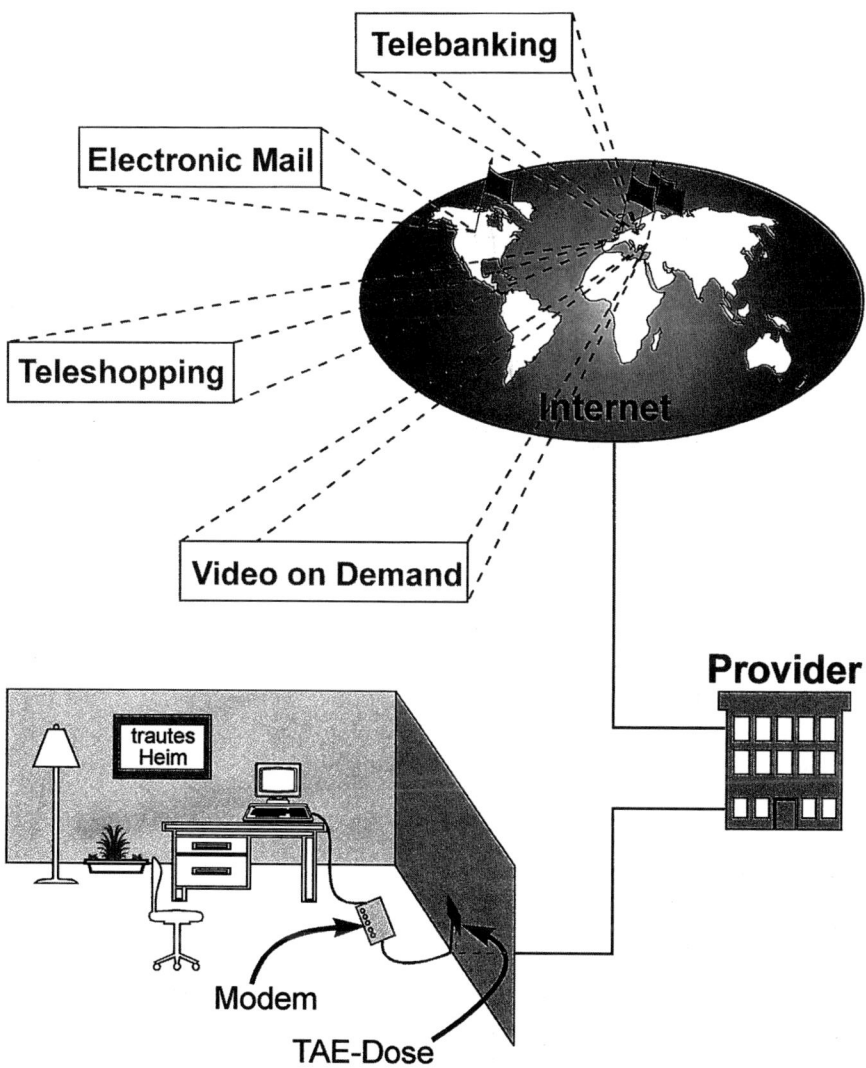

Bild 49: Nutzung der Online-Dienste im privaten Bereich

während der letzten 25 Jahre in dem gleichen Tempo fortentwickelt hätte wie die Halbleiterindustrie, dann würde heute ein Rolls-Royce auf 100 Kilometern weniger als einen Tropfen Benzin verbrauchen. Und es wäre billiger, ihn einfach stehen zu lassen und einen neuen zu kaufen, als die Parkgebühren zu bezahlen."

Weiterführende Literatur

GÖÖK, R.: Die großen Erfindungen – Radio, Fernsehen, Computer
Sigloch Edition 1989

VONDRAN, E. P.: Entwicklungsgeschichte des Computers
VDE-Verlag, Berlin/Offenbach 1982

N. N.: Encyclopedia of Microcomputers Volume 9, „Intel Corporation"
Marcel Dekker Inc., New York/Basel 1992

BRADLEY, D. J.: Wie alles einmal anfing ...
Ct, Heft 10, 1990, S. 34–40

KEUKERT, M.: Atari, Amiga, Mac und PC
Fischer Taschenbuchverlag, 1993

GRAF, G.: Komfortables Messen, Steuern, Regeln
mc, Heft 8, 1993, S. 64–72

NIESSEN, K.: Einsatz von Mikrocomputersystemen bei der Automatisierung von Schweiß-prozessen
Vortragsband zum Aachener Kolloquium „Schweißen mit Robotern", 16./17. 4. 1984, S. 416–426

DILTHEY, U. und L. STEIN: Through-the-arc-sensing – a multipurpose low-cost sensor for arc welding automation
,Advanced techniques and low-cost automation', Proceedings of the IIW-Conference, Beijing, China, 5./6. Sept. 1994, S. 165–171

TEYNOR, R. R.: Computers in the arc welding environment
Proceedings International Conference on Computerization of Welding Information IV, American Welding Society, 3.–6.-November 1992, S. 325–335

BUCHMAYR, B.: Computer in der Werkstoff- und Schweißtechnik
DVS-Fachbuch, Band 112, Düsseldorf 1991

KERN, H.: Künstliche Intelligenz – Werkzeug zur Lösung fertigungstechnischer Fragestellungen
DVS-Berichte Band 133, Düsseldorf 1991, S. 29–33

DORN, L. und S. MAJUMDER: Expertensystem für die Schweißtechnik – Grundlagen und Anwen-dungsmöglichkeiten
Schweißen und Schneiden 41 (1989), Heft 2, S. 75–78

BRIGHTMORE, A. D.: The economics of computerization
Proceedings of the Conference Computer Technology in Welding, Paris, France, 15.–16. Juni 1994, Paper 7

BUCHMAYR, B. und H. CERJAK: Eine Übersicht zum schweißtechnischen Softwareangebot
DVS-Berichte Band 179, Düsseldorf, 1996, S. 1–5

DILTHEY, U. und S. ROOSEN: Computer Aided Welding (CAW) in Central Europe
IIW-Doc. XII-1451-96

DILTHEY, U., V. PAVLIK und T. REICHEL: Struktursimulation von Schweißgut und Wärmeein-flußzone
Blech, Rohre, Profile 43 (1996), Heft 11, S. 637–642

Zerebrale Links-Rechts-Asymmetrie: Struktur, Funktion, Entstehung

Von *Helmuth Steinmetz*, Düsseldorf

Zusammenfassung

Auf der Suche nach strukturellen Korrelaten höherer Hirnfunktion ist die Frage eines möglichen Zusammenhangs zwischen funktioneller und anatomischer Links-Rechts-Asymmetrie spätestens seit den Arbeiten Brocas und Wernickes vor gut 100 Jahren von paradigmatischem Interesse. Eine besonders auffällige anatomische Asymmetrie des menschlichen Gehirns betrifft das sog. Planum temporale, eine Region auf der hinteren oberen Schläfenwindung, versteckt in der Fissura lateralis, bestehend vor allem aus sprachverarbeitender Hörrinde. Das Planum temporale entspricht links dem Kern des hinteren, sog. Wernicke'schen Sprachareals und ist bei gut 70% unausgewählter Hirne links erheblich größer als rechts. Die In-vivo-Magnetresonanz-Morphometrie erlaubt es heute, die funktionelle Bedeutung dieser entwicklungsgeschichtlich neuen (Schimpanse, Mensch) Asymmetrie zu untersuchen. Folgende Befunde liegen mittlerweile vor: *(i)* Die Links-Rechts-Asymmetrie des Planum temporale korreliert mit der Händigkeit – Linkshänder sind anatomisch symmetrischer. *(ii)* Der gleiche Struktur-Funktions-Zusammenhang findet sich auch bei eineiigen Zwillingen – Ko-Zwillinge unterschiedlicher Händigkeit sind auch anatomisch unterschiedlich. *(iii)* Die Ausprägungsstärke der Planum temporale-Asymmetrie ist mit auditorischer und phonologischer Diskriminierungsfähigkeit verknüpft – Viele Legastheniker sind anatomisch symmetrisch; Menschen mit absolutem Gehör sind extrem asymmetrisch. Die Befunde legen folgendes nahe: (1) Links-Rechts-Unterschiede der Hirnfunktion haben ein makrostrukturelles Substrat. (2) Obwohl eine zumindest teilweise vorgeburtliche Anlage dieses Substrats anzunehmen ist, findet sich kein einfaches genetisches Prinzip. (3) Starke Asymmetrie ist offenbar mit hohem Leistungsgrad assoziiert, ein Prinzip, das die zum Menschen hin zunehmende Entwicklung der Hemisphärenspezialisierung in der aufsteigenden Primatenreihe erklären könnte.

Danksagung: Der Autor erhält finanzielle Unterstützung durch die Deutsche Forschungsgemeinschaft und die Hermann-und-Lilly-Schilling Stiftung.

Einleitung

Die wissenschaftliche Suche nach strukturellen Korrelaten lokalisierter Hirnfunktionen war bis vor zwanzig Jahren auf das „Naturexperiment" herd-förmiger Hirnerkrankungen angewiesen. Der wesentliche Zugang waren dabei pathoanatomische Studien an Hirnen Verstorbener, die zu Lebzeiten durch umschriebene Verletzungen oder Schlaganfälle neurologische Ausfälle ent-wickelt hatten (Broca, 1863; Wernicke, 1874; Kleist, 1934; Luria, 1966). Störungen wurden also ihren anatomischen Quellen zugeordnet. Die Beziehung zwischen gesunder Hirnanatomie und normaler Funktion hat sich dagegen erst in jüngerer Zeit vor allem durch die Magnetresonanz-Tomographie und Positronenemissions-Tomographie der Untersuchung erschlossen. Wie schon im letzten Jahrhundert hat dabei die Frage der Art der Beziehung zwischen anatomischer und funktioneller Links-Rechts-Asymme-trie des Gehirns („Hemisphärendominanz") eine besonders aufschlußreiche Rolle gespielt.

Anatomische und funktionelle Hemisphärenasymmetrie

Ausgangspunkt unserer eigenen Arbeiten zu den hirnstrukturellen Korrelaten hemisphärischer Dominanz waren ursprüngliche Überlegungen von Flechsig (1908), von Economo & Horn (1930) und Geschwind & Levitsky (1968). Sie alle hatten eine funktionelle Bedeutung der makroskopisch gut sichtbaren Links-Rechts-Asymmetrie eines Areals auf der hinteren Supratem-poralfläche, des sogenannten Planum temporale diskutiert, konnten diese Hypothese an ihren Hirnpräparaten wegen fehlender Informationen über die dominante Hemisphäre der Verstorbenen aber natürlich nicht überprüfen (Abb. 1). Bekannt war aus diesen und anderen Arbeiten, daß im unausgewähl-ten Sektionsgut im Mittel 73,5% aller Hirne eine in ihrem Ausmaß variable, linksgerichtete Asymmetrie des Planum temporale zeigen [Übersichten bei Steinmetz (1992), Steinmetz et al. (1990)]. Nicht bekannt war, ob dies lediglich eine anatomische „Spielart" ist (vgl. funktionell weniger relevante Asymme-trien anderer Körperorgane), oder ob sie mit funktioneller Hemisphären-dominanz ursächlich zusammenhängt. Letzteres war aber aus mehreren Gründen zu postulieren: *(i)* Das Planum temporale bildet links den Kern des aus vielen Erkrankungsfällen beschriebenen sogenannten Wernicke'schen „Sprachzentrums" [Übersicht bei Bogen & Bogen (1976)]. *(ii)* Die Asym-metrie des Planum temporale ist entwicklungsgeschichtlich spät in der auf-steigenden Primatenreihe entstanden (Yeni-Komshian & Benson, 1976) und

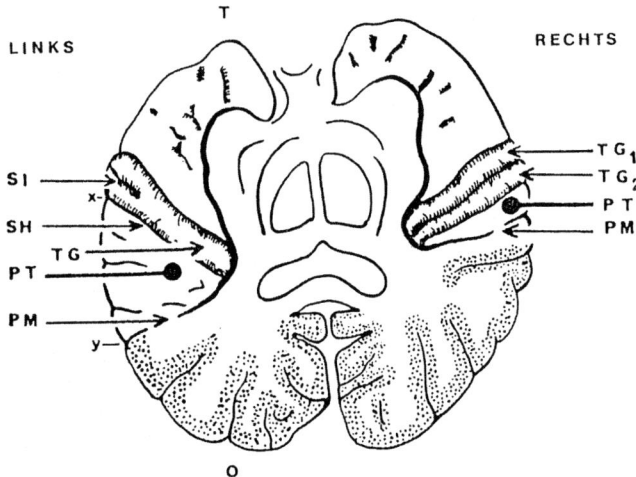

Abb. 1: Aufblick von oben auf einen anatomischen Hirnschnitt [T, Temporalpol (vorne); O,
Occipitalpol (hinten)]; nach Abtragung des Frontal- und Parietallappens ist die linke und
rechte Supratemporalfläche freigelegt; auf ihr liegen die von primärer Hörrinde bedeck-
ten Heschl'schen Querwindungen (TG) und dahinter das Planum temporale (PT, auditorischer Assoziationskortex). Das Planum temporale ist wie hier links typischerweise um
ein Vielfaches größer als rechts [nach Geschwind & Levitsky (1968)].

könnte somit den menschlichen Spracherwerb widerspiegeln. *(iii)* Die Planum
temporale-Asymmetrie korreliert mit gleichgerichteten Links-Rechts-Asym-
metrien der mikroskopischen Feinarchitektur höherer (assoziativer) Hörrin-
denareale [Area TB von v. Economo & Horn (1930) bzw. Area Tpt von
Galaburda & Sanides (1980)].

Drei Studien an zusammen 152 gesunden Probanden, die wir mit der anatomisch hochauflösenden Magnetresonanztomographie („In-vivo-Morphometrie") durchgeführt haben, konnten zeigen, daß die Planum temporale-
Asymmetrie tatsächlich ein strukturelles Korrelat funktioneller hemisphärischer Lateralisation ist. Linkshänder und Rechtshänder unterschieden sich
beispielsweise hirnanatomisch dadurch, daß Rechtshänder eine stärkere linksgerichtete Asymmetrie des Planum temporale aufwiesen (Steinmetz et al.,
1991; Steinmetz & Galaburda, 1991; Jäncke et al., 1994). Anatomische Symmetrie des Planum war demgegenüber besonders häufig bei Linkshändern mit
linkshändigen erstgradigen Verwandten, den sogenannten familiären Linkshändern anzutreffen (Steinmetz et al., 1991). Die anatomische Situation paßt
also zur neuropsychologischen, die durch eine asymmetrischere Repräsen-
tation sprachlicher und anderer kognitiver Funktionen bei Rechtshändern
gekennzeichnet ist, familiäre Linkshänder dagegen als besonders symmetri-

sche Individuen beschreibt (Hecaen et al., 1981; Bryden, 1982). Diese in-vivo-morphometrischen Befunde belegten erstmals die Koppelung eines individuellen anatomischen Merkmals gesunder Gehirne (Planum temporale-Asymmetrie) mit einem psychologischen Verhaltensmaß (Händigkeit) bzw. daraus zu schließender (A)Symmetrie der Sprachfunktion.

Nicht-genetische Entstehung des Struktur-Funktions-Zusammenhangs

Drei Untersuchungen anderer Forschergruppen an Hirnen verstorbener Feten oder Neugeborener hatten zuvor ergeben, daß die Planum temporale-Asymmetrie schon in diesen ganz frühen Lebensphasen erkennbar ist, ihre Entstehung somit vorgeburtlich zumindest mitbestimmt sein muß (Witelson & Pallie, 1973; Wada et al., 1975; Chi et al., 1977). In scheinbarem Widerspruch dazu haben unsere In-vivo-Untersuchungen an eineiigen Zwillingen gezeigt, daß diese genetisch identischen Personen sich hinsichtlich der Hirnwindungsanatomie im Allgemeinen, und der Planum temporale-Asymmetrie im Besonderen, überraschend unähnlich sind (Steinmetz et al., 1994, 1995). Sowohl für die Planum temporale-Asymmetrie, als auch für das sulkale/gyrale Gesamtbild schätzen wir aufgrund unserer bisherigen Ergebnisse an Zwillingen, daß ca. 90% der makrostrukturellen Variabilität des Gehirns nicht genetisch erklärt werden können. Auffällig ist, daß bei aller offensichtlichen Verschiedenheit des Windungs- und Faltungsreliefs das Hirnvolumen eineiiger Zwillinge praktisch identisch zu sein scheint. Auf eine „genetische Volumenvorgabe" pfropft sich also ein offenbar epigenetisch bestimmter Faltungsmechanismus der Hirnrinde auf, dessen Determinanten (Funktion?, Zufall?) und dessen Zeitgang wesentliche Untersuchungsgegenstände der Zukunft sind.

In den Zwillingsstudien ergaben sich auch funktionelle Parallelen zu o. g. anatomischen Befunden. Während unter Eineiigen beispielsweise die handmotorische Gesamtgeschicklichkeit oder auditorische Diskriminierungsfähigkeit sehr ähnlich ist, sind die relativen Verteilungen dieser funktionellen Leistungsfähigkeiten auf linke oder rechte Hand bzw. linkes oder rechtes Ohr (= funktioneller Asymmetriegrad) so variabel wie unter Nicht-Verwandten (Jäncke & Steinmetz, 1994, 1995). Der oben beschriebene Zusammenhang zwischen Händigkeit und Planum temporale-Asymmetrie findet sich bei eineiigen Zwillingen in gleicher Weise wie bei Nicht-Verwandten – linkshändige Zwillinge sind anatomisch symmetrischer als ihre rechtshändigen eineiigen Geschwister (Steinmetz et al., 1995). Diese Ergebnisse stützen unsere Annahme einer engen morphogenetischen Wechselwirkung zwischen Hirnfunktion und Hirnstruktur (Abb. 2).

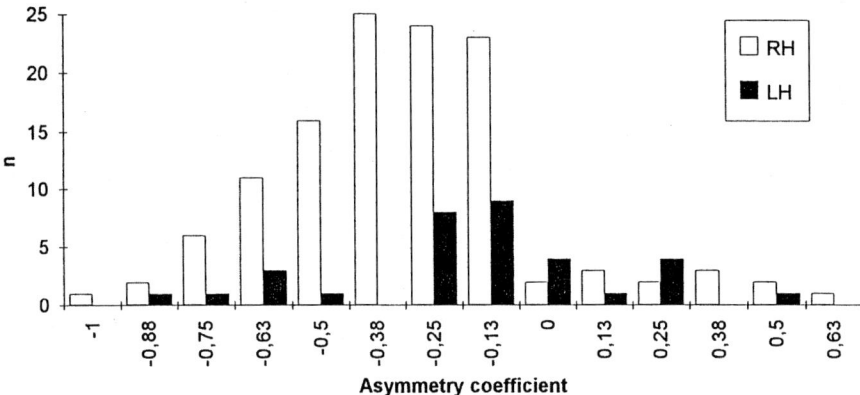

Abb. 2: Anatomische und funktionelle Hemisphärenasymmetrie: Verteilung der Planum temporale-Asymmetrie bei 154 gesunden Freiwilligen (In-vivo-Magnetresonanz-Morphometrie). Die x-Achse zeigt den Asymmetrie-Koeffizienten $(R - L)/[0.5 (R + L)]$; ein negatives Vorzeichen bedeutet also linkes > rechtes Planum, der Nullpunkt bedeutet Symmetrie. Linkshänder (LH) sind als Gruppe signifikant symmetrischer als Rechtshänder (RH)
[nach Steinmetz (1995)].

Abb. 3: Zunehmende Planum temporale-Asymmetrie verschiedener Probandengruppen. Die
y-Achse zeigt den Asymmetrie-Koeffizienten $(R - L)/[0.5 (R + L)]$; ein negatives Vorzeichen bedeutet also linkes > rechtes Planum. Der linksgerichtete Asymmetriegrad steigt
in folgender Reihe: familiäre Linkshänder (LHFL), Rechtshänder mit Legasthenie
(RHDD), einfache Linkshänder (LH), Rechtshänder (RH), Rechtshänder mit absolutem
Gehör (RHPP). Die Unterschiede sind statistisch signifikant [nach Steinmetz (1996)].

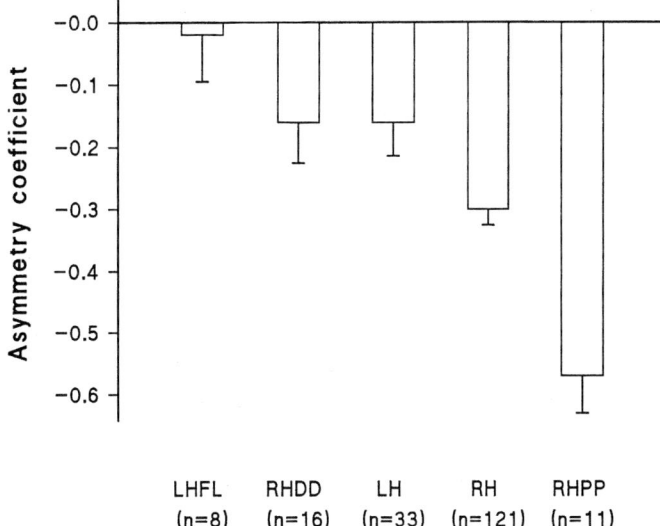

Asymmetriegrad und funktionelle Kapazität

Händigkeit ist in unseren Untersuchungen nicht der einzige funktionelle
Parameter, der eine Assoziation mit dem Grad der Planum temporale-
Asymmetrie aufweist (Abb. 3). So konnten wir die Befunde anderer Arbeits-
gruppen bestätigen, daß Legastheniker unabhängig von ihrer Händigkeit
anatomisch symmetrischer sind als gesunde Kontrollen (Steinmetz, 1995;
Steinmetz, im Druck). Auf dem anderen Ende der anatomischen Skala fanden
sich Personen mit absolutem Gehör. Sie zeigten eine ins Extreme gesteigerte
Links-Asymmetrie des Planum (Schlaug et al., 1995). Zieht man in Betracht,
daß die genannten Gruppen sich physiologisch vor allem durch ihre Fähigkeit
zur auditorisch-zeitlichen Diskrimination und phonematischen Kategori-
sierung unterscheiden, und daß das Planum temporale cytoarchitektonisch mit
der Ausdehnung auditorischer Assoziationskortices korreliert, ergibt sich
eine interessante Spekulation für weitere Arbeiten: Der interhemisphärische
Asymmetriegrad struktureller „Makromodule" könnte positiv mit deren
funktioneller Kapazität und Leistungsfähigkeit korrellieren. Diese Hypothese
paßt zu tierexperimentellen und netzwerktheoretischen Befunden und könnte
ein besseres Verständnis der Phylogenese von Lateralisation insgesamt beför-
dern. Zunehmende Komplexität kortikaler Funktionen, so unsere Hypothese,
könnte eine unilaterale Anordnung ihrer strukturellen Prozessoren erzwingen
und somit wesentliche Triebkraft der Ausbildung von Hemisphärendominanz
sein.

Interpretation und Ausblick

Unsere seit 1989 eingesetzte Methode der In-vivo-Morphometrie ermöglicht erstmals anatomische Studien am gesunden menschlichen Gehirn und
unter Vermeidung postmortaler Artefakte. Sie erlaubt nicht-invasive Analysen
von Struktur-Funktions-Beziehungen ohne das „Naturexperiment" Krankheit
oder die hierdurch bedingten interpretativen Einschränkungen. Zusammen-
fassend erscheinen folgende der oben skizzierten in-vivo-morphometrischen
Beobachtungen hinsichtlich zukünftiger Studien bemerkenswert: *(i)* Merkmale
der makroskopischen Hirnwindungsanatomie (Beispiel: Planum temporale-
Asymmetrie) kovariieren mit neuropsychologischen Verhaltensmaßen (Beispiel: Händigkeit). *(ii)* Die makroskopische Hirnwindungsanatomie unterliegt
in weit geringerem Maße genetischen Einflüssen als die übrige Körperanato-
mie (Zwillingsstudien). Daraus folgt, daß die beschriebenen Zusammenhänge
zwischen Hirnstruktur und Hirnfunktion durch bisher unbekannte Deter-

minanten bestimmt und durch diese auch veränderbar sein müssen. Einige unserer Befunde lassen uns glauben, daß eine (funktionsgesteuerte?) Plastizität selbst makroanatomischer Merkmale des Gehirns bis in das Erwachsenenalter anhält. Klären werden dies laufende Längsschnittuntersuchungen der Hirnentwicklung bei Klein- und Kleinstkindern, die in einem ersten Schritt die „natürliche" Plastizität der Hirnanatomie erfassen sollen. Mögliche zusätzliche plastische Wirkungen äußerer Faktoren sind u. a. durch Untersuchungen früh Ertaubter oder Erblindeter möglich. Die Ergebnisse dieser Arbeiten werden neuroanatomische, entwicklungsbiologische, aber auch rehabilitationsmedizinische Relevanz haben und dabei hoffentlich auch die Frage der Kausalitätsrichtung im beschriebenen Zusammenwirken von Hirnstruktur und Hirnfunktion beantworten (Welker, 1990).

Literatur

BOGEN, J. E. & BOGEN, G. M. (1976). Wernicke's region – where is it? Annals of the New York Academy of Sciences, 280, 834–843.

BROCA, P. (1863). Localisation des fonctions cérébrales – siège du langage articulé. Bull Soc d'Anthropol (Paris), 4, 200–208.

BRYDEN, M. P. (1982). Laterality. Functional asymmetry in the intact brain. New York: Academic Press.

CHI, J. G., DOOLING, E. C. & GILLES, F. H. (1977). Left-right asymmetries of the temporal speech areas of the human fetus. Archives of Neurology, 34, 346–348.

VON ECONOMO, C. & HORN, L. (1930). Über Windungsrelief, Maße und Rindenarchitektonik der Supratemporalfläche, ihre individuellen und ihre Seitenunterschiede. Zeitschrift für Neurologie und Psychiatrie, 130, 678–757.

FLECHSIG, P. (1908). Bemerkungen über die Hörsphäre des menschlichen Gehirns. Neurologisches Zentralblatt, 27, 2–7.

GALABURDA, A. M. & SANIDES, F. (1980). Cytoarchitectonic organization of the human auditory cortex. Journal of Comparative Neurology, 190, 597–610.

GESCHWIND, N. & LEVITSKY, W. (1968). Human brain: Left-right asymmetries in temporal speech region. Science, 161, 186–187.

HECAEN, H., DE AGOSTINI, M. & MONZON-MONTES, A. (1981). Cerebral organization in left-handers. Brain and Language, 12, 261–284.

JÄNCKE, L. & STEINMETZ, H. (1994). Auditory lateralization in monozygotic twins. International Journal of Neuroscience, 75, 57–64.

JÄNCKE, L. & STEINMETZ, H. (1995). Hand motor performance and degree of asymmetry in monozygotic twins. Cortex, 31, 779–789.

JÄNCKE, L., SCHLAUG, G., HUANG, Y. & STEINMETZ, H. (1994). Asymmetry of the planum parietale. Neuroreport, 5, 1161–1163.

KLEIST, K. (1934). Gehirnpathologie vornehmlich auf Grund der Kriegserfahrungen. Leipzig: Johannes Ambrosius Barth.

LURIA, A. R. (1966). Higher cortical functions in man. New York: Consultants Bureau Enterprises, Inc.

SCHLAUG, G., JÄNCKE, L., HUANG, Y. & STEINMETZ, H. (1995). In vivo evidence of structural brain asymmetry in musicians. Science, 267, 699–701.

STEINMETZ, H. (1992). Anatomische und funktionelle Hemisphären-Asymmetrie. Stuttgart: Hippokrates-Verlag.

STEINMETZ, H. (1995). Anatomical asymmetry is normally distributed, associated with handedness, and develops before birth – other predictions from the right shift theory. Cahiers de Psychologie Cognitive – Current Psychology of Cognition, 14, 610–614.

STEINMETZ, H. (1996). Structure, function, and cerebral asymmetry: in vivo morphometry of the planum temporale. Neuroscience and Biobehavioral Reviews 20, 587–591.

STEINMETZ, H. & GALABURDA, A. M. (1991). Planum temporale asymmetry: In-vivo morphometry affords a new perspective for neuro-behavioral research. Reading and Writing, 3, 329–341.

STEINMETZ, H., RADEMACHER, J., JÄNCKE, L., HUANG, Y., THRON, A. & ZILLES, K. (1990). Total surface of temporo-parietal intrasylvian cortex: diverging left-right asymmetries. Brain and Language, 39, 357–372.

STEINMETZ, H., VOLKMANN, J., JÄNCKE, L. & FREUND, H.-J. (1991). Anatomical left-right asymmetry of language-related temporal cortex is different in left- and right-handers. Annals of Neurology, 29, 315–319.

STEINMETZ, H., HERZOG, A., HUANG, Y. & HACKLÄNDER, T. (1994). Discordant brain surface anatomy in monozygotic twins. New England Journal of Medicine, 331, 952–953.

STEINMETZ, H., HERZOG, A., SCHLAUG, G., HUANG, Y. & JÄNCKE, L. (1995). Brain (a)symmetry in monozygotic twins. Cerebral Cortex, 5, 296–300.

WADA, J. A., CLARKE, R. & HAMM, A. (1975). Cerebral hemispheric asymmetry in humans. Cortical speech zones in 100 adult and 100 infant brains. Archives of Neurology, 32, 239–246.

WELKER, W. (1990). Why does cerebral cortex fissure and fold? A review of determinants of gyri and sulci. In E. G. Jones & A. Peters (Eds.), Cerebral cortex, vol. 8B (pp. 3–136). New York: Plenum Press.

WERNICKE, C. (1874). Der aphasische Symptomencomplex. Eine psychologische Studie auf anatomischer Basis. Breslau: Cohn & Weigert.

WITELSON, S. F. & PALLIE, W. (1973). Left hemisphere specialization for language in the newborn. Neuroanatomical evidence of asymmetry. Brain, 96, 641–646.

YENI-KOMSHIAN, G. H. & BENSON, D. A. (1976). Anatomical study of cerebral asymmetry in the temporal lobe of humans, chimpanzees, and rhesus monkeys. Science, 192, 387–389.

Diskussion

Herr Staufenbiel: Ich habe eine Menge Fragen, weil ich zwei Enkelinnen habe, von denen die eine rechtshändig, die andere linkshändig ist. Die Frage Sprachzentrum und Asymmetrie könnte ja auch so interpretiert werden, daß bei Linkshändern die rechte Seite genauso ausgebildet ist wie die linke und sich dadurch Symmetrie ergibt, so daß im Prinzip die Sprachfähigkeit sogar verstärkt ist. Ist das ausgeschlossen?

Herr Steinmetz: Ich habe gesagt, daß die Gruppe, die sich anatomisch symmetrisch verhält, die Linkshänder mit der familiären Vorgeschichte sind, die also erstgradige linkshändige Verwandte haben. Von denen weiß man aus der klinischen Erfahrung und Literatur, daß sie diejenigen sind, die ihre Sprachlateralisation atypisch haben. Das heißt, die familiären Linkshänder sind die, die in der Regel beidseitig sprachdominant sind, wenn man das dann noch so nennen will, und die normalen Linkshänder verhalten sich im Prinzip sprachpsychologisch so wie die Rechtshänder. So gesehen haben Sie recht.

Ich würde vermuten, daß, wenn wir es beweisen könnten, eine Symmetrie dieser Region heißt, daß rechts auch tatsächlich funktionell mehr ist. Das Ganze hat seine für uns feststellbare Entsprechung bisher leider immer nur im Erkrankungsfall, und in dem Fall ist es tatsächlich so, daß Linkshänder und speziell Linkshänder mit familiärer Linkshändigkeit bei einem linkshemisphärischen Schlaganfall sich ungleich schneller erholen als ein normaler Rechtshänder, und zwar dadurch, daß sie die andere Seite als Kompensation zur Verfügung haben.

Herr Staufenbiel: Sie haben eine Verbindung zur Sprachfähigkeit hergestellt, wobei es ja sehr viele Faktoren gibt, zum Beispiel die Frage der Artikulation und des Denkens. Man soll ja immer erst denken, bevor man spricht. Die Legasthenie ist noch etwas anderes; da kommen noch weitere Faktoren hinzu. Ist die Legasthenie eigentlich auch abhängig? Oder besteht da eine Korrelation zwischen einer beim normalen Rechtshänder schwächer ausgebildeten linken Seite und dem Maß an Legasthemie?

Herr Steinmetz: Legastheniker zeichnen sich durch eine, wenn Sie so wollen, vom normalen Rechtshänder abweichende Symmetrie aus. Das ist richtig. Vielleicht dazu ganz grundsätzlich: Die derzeit vorherrschende Auffassung zur Entstehung der Legasthenie ist die, daß es ein phonologisches, also ein im phonematischen Lernen begründetes Problem ist. Die Kinder schaffen es nicht, bestimmte voice-onset-Zeiten, in denen sich Konsonanten voneinander unterscheiden, richtig zu lernen, so daß das, was sich hinterher als Legasthenie äußert, im Grunde ein primäres, ein ganz weit vorn liegendes Lernproblem ist, was sich auch neuropsychologisch gut zeigen läßt. Die Kinder haben ganz auffällige Diskriminierungsprobleme bei nahe zusammenliegenden Tönen zum Beispiel. Sie beherrschen nicht die 80-Millisekunden-Schwelle des Normalen, sondern haben eine viele schwächere Diskriminierungsfähigkeit. Das läßt es plausibel erscheinen, warum so etwas mit der Anatomie eines Phoneme verarbeitenden Hirnareals (Planum temporale) zusammenhängen mag.

Herr Krelle: Vor einigen Tagen hat ein Dozent von der Universität Bochum, ein Deutsch-Türke, einen Preis für die Untersuchung der Asymmetrie der beiden Gehirnhälften bekommen. Er hat unter anderem herausgefunden, daß Linkshändigkeit auf die Dauer mit nervösen Nachteilen verbunden ist, daß es zwar hohe Begabungen geben könne, daß aber die Anfälligkeit für nervöse Störungen bei den Linkshändern größer wäre als bei den Rechtshändern. Bei Ihnen kommt aber genau das Umgekehrte heraus, wenn ich Sie recht verstanden habe.

Herr Steinmetz: Nein, eigentlich nicht. Ich habe das nicht untersucht. Aber der Punkt, den Sie da anschneiden, ist sehr interessant. Sie sprechen von Herrn Güntürkün, der die Belichtung von Tauben ganz früh im Ei vorgenommen hat. Durch eine lateralisierte Belichtung des Eies kann man ganz bestimmte Asymmetrien anstoßen, die sich dann weit durch das Leben der Tauben fortsetzen. Das ist ein solcher Befund, wie ich ihn gerade schon erwähnte.

Das andere ist ein problematischer Punkt. Ich habe gesagt, die Daten legen nahe, daß zunehmende Asymmetrie mit zunehmender Leistungsfähigkeit des asymmetrischen „Moduls" zusammenhängt. Wenn das so ist, wäre die logische Schlußfolgerung, daß ein symmetrisches Modul mit irgendeinem funktionellen Nachteil gekoppelt ist.

Die wirklich bevölkerungsbasierten Untersuchungen – dazu gibt es nur eine Untersuchung aus England – zeigen zum Beispiel, daß in der linkshändigen kindlichen Bevölkerung weit mehr Legasthenie auftritt. Das wäre ein Beispiel dafür, daß Ihre (und meine) Annahme richtig ist. Ich glaube nicht, daß ich irgendeine gegenläufige Evidenz gezeigt habe, halte mich aber mit solchen potentiell stigmatisierenden Aussagen zurück.

Herr Jaenicke: Was messen Sie mit der Kernresonanzmethode eigentlich, funktionelle Moleküle oder strukturelle Moleküle?

Herr Steinmetz: Es ist die Protonendichte und ein daraus abgeleitetes anatomisches Bild, ein rein anatomisches Bild. Ich habe bewußt alles, was sogenannte funktionelle Bildgebung ist, außen vor gelassen. Das wäre ein großes weiteres Kapitel.

Herr Jaenicke: Aber es gibt solche Dinge auch.

Herr Steinmetz: Natürlich, richtig. Sie können dieses Areal auch gezielt durch Aufgabenstellung aktivieren, zum Beispiel durch Aufgabenstellung sprachlicher Art, und dann „funktionelle Bilder" der auftretenden lokalen Durchblutungs- und Oxygenierungsveränderungen im Gehirn machen. Das, was ich gezeigt habe, war reine Anatomie, wie wir sie sonst im anatomischen Präparat sehen würden.

Herr Hartmann: Ich habe noch eine etwas spekulative Frage. Wenn Ihnen mehr Befunde aus einer längeren Zeit zur Verfügung ständen, würden Sie dann eine Möglichkeit sehen, um zum Beispiel solche Dinge wie Hirnleistungsstörungen oder Demenzen zu lokalisieren und zu erklären?

Herr Steinmetz: Ja, das würde ich sagen.

Herr Hartmann: Das wäre ja ein interessanter Ansatz.

Herr Steinmetz: Das müßte im Prinzip möglich sein. Die Legasthenie ist das eine naheliegende Beispiel. Aber es gibt sicherlich auch andere interessante Ansätze für andere Areale. Zum Beispiel wäre die Frage, wie sich das Hirn anatomisch nach der Amputation einer Extremität verhält, ein anderes interessantes Paradigma, um solche Fragen zu untersuchen.

Herr Höcker: Sie haben darauf hingewiesen, daß die Morphologie nicht genetisch bedingt ist. Andererseits schließe ich daraus, daß auch Linkshändigkeit nicht genetisch determiniert ist. Dann korrelieren Sie aber bestimmte Daten mit dem Auftreten von Linkshändigkeit in der Familie. Wie kann ich das zusammenbringen?

Herr Steinmetz: Das stimmt nicht ganz, was Sie da sagen. Man muß schon annehmen, daß eine genetische Komponente im Auftreten von Linkshändigkeit steckt. Das erklärt aber nicht alles. Bei den meisten Linkshändern sind beide Elternteile rechtshändig. Wenn Sie aber das Ganze groß untersuchen, zum Beispiel auch an früh adoptierten Kindern, werden Sie finden, daß signifikant häufiger linkshändige Eltern auch linkshändige Kinder haben. Das ist aber ganz offensichtlich kein in irgendeiner Form Mendelscher Erbgang. Irgendein genetischer Kern muß dort sein, aber es kommen viele extragenetische unbekannte Komponenten hinzu, die den Einfluß des Genoms auch völlig überstrahlen können.

Herr Staufenbiel: Sie haben erwähnt, daß nach einem Schlaganfall, der in der linken Hälfte auftritt, häufig die Sprachstörung zu beobachten ist. Wird nun der Abbau dieser Sprachstörung im Prinzip – das ist natürlich wieder statistisch – in der Weise erfolgen, daß eine Entwicklung der rechten Hälfte erfolgt? Wenn das der Fall ist, würde ich es doch für zweckmäßig halten, weil uns der Schlaganfall immer mehr droht, da wir älter werden, dafür zu sorgen, daß bei den Rechtshändern das andere Sprachzentrum frühzeitig mehr gestärkt wird. Wir müssen also sozusagen Linkshänder werden.

Herr Steinmetz: Das unterstreicht im Grunde die Relevanz, diese Dinge zu untersuchen. Es ist so – das weiß man über funktionelle bildgebende Verfahren –, daß in der Tat fast die gesamte Erholung von einer Aphasie auf Kosten der Fähigkeit der rechten Seite geht, die Funktion zu übernehmen. Je besser diese Fähigkeit, desto besser die Erholung, je schlechter diese Fähigkeit, desto schlechter die Erholung.
Was Sie da sagen, ist also im Prinzip völlig richtig. Die Preisfrage wäre dann aber, bis zu welchem Alter das geht, bis zu welchem Alter das plastisch bleibt. Was wir im Moment zum Beispiel bei den Musikern untersuchen, ist weit im Kindesalter gelegenen Einflüssen zuzuschreiben. Das gilt natürlich nicht für die Amputationsfrage. Es wäre also die Frage zu klären, bis zu welchem Alter das noch geht. Wir kennen derzeit die Grenze nicht.

Herr Staufenbiel: Es besteht also für uns hier keine große Hoffnung.

Herr Steinmetz: Nicht direkt, nein.

Metallaktivierung am Beispiel Titan: Von den Morphologischen Grundlagen zu Anwendungen in der Wirkstoffsynthese

Von *Alois Fürstner*, Mülheim an der Ruhr

Die überwiegende Mehrzahl der Elemente des Periodischen Systems sind Metalle. Diese werden traditionell in „edle" und „unedle" unterteilt, von denen letztere mit Sauerstoff und Wasser reagieren, und daher nur in oxidierter Form vorliegen sollten. Dennoch sind einige von ihnen entgegen diesen Regeln der Themodynamik beständig, da sie durch eine dichte, festhaftende und nicht poröse Oxidschicht an ihrer Oberfläche passiviert werden. Dazu zählen z. B. die technologisch bedeutsamen Metalle Aluminium und Titan. Bei ersterem kann die Passivierungsschicht durch elektrochemische Oxidation gezielt verstärkt und damit seine Beständigkeit weiter erhöht werden (vgl. *Eloxal*-Verfahren = *e*lektrochemisch *ox*idiertes *Al*uminium). Bei letzterem ist die natürliche Oxidschicht so resistent, daß Titan wegen seiner außerordentlichen chemischen Widerstandsfähigkeit, dem geringen spezifischen Gewicht, und der hohen mechanischen Beanspruchbarkeit als Werkstoff große Bedeutung erlangt hat.

Hingegen erschwert oder verhindert eine derartige „Passivierung" die Verwendung solcher Metalle als Chemikalien. So waren bis in die Siebzigerjahre keine Anwendungen von metallischem Titan in der präparativen organischen Chemie bekannt, obwohl es gemäß seiner Stellung in der elektrochemischen Spannungsreihe als starkes Reduktionsmittel fungieren sollte, und wegen seiner ausgeprägten Oxophilie selektive Umsetzungen sauerstoffhaltiger Verbindungen in Aussicht stellt. Zudem machen der niedrige Preis und die geringe Toxizität von Titanverbindungen Anwendungen dieses Metalls attraktiv.

Erst durch die Entwicklung leistungsfähiger Aktivierungsmethoden kann das latente chemische Potential dieses Metalls ausgeschöpft werden [1, 2]. Dazu wurden Verfahren entwickelt, die es erlauben, metallisches bzw. „niedervalentes" Titan [Ti] im Reaktionsgefäß unter rigorosem Ausschluß von Sauerstoff und Feuchtigkeit durch Reduktion eines Titansalzes (meist $TiCl_3$ bzw. $TiCl_4$) mit Hilfe starker Reduktionsmittel (Lithium, Natrium, Kalium, Magnesium $LiAlH_4$ etc.) darzustellen. Die so erhaltene Suspension feinverteilter, nicht passivierter Teilchen ist in der Lage, Aldehyde bzw. Ketone reduktiv zu Alkenen zu dimerisieren. Die Bildung der als Nebenprodukte anfallenden Titanoxide Ti_xO_y liefert die Triebkraft dieser heute im allgemeinen als

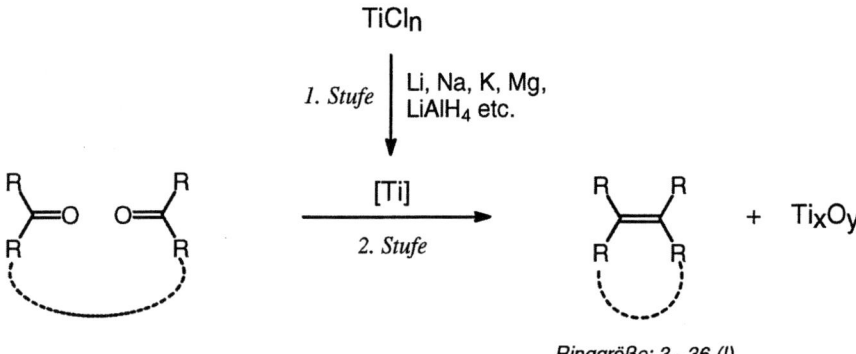

Abb. 1: Prinzip der McMurry Reaktion

„*McMurry Reaktion*" [3] bezeichneten Olefinsynthese (Abbildung 1). Diese hat sich als Schlüsselschritt in zahlreichen Naturstoffsynthesen, bei der Darstellung sterisch gehinderter Alkene, sowie insbesondere als effizienter Zugang zu Carbocyclen jedweder Ringgröße hervorragend bewährt und als Namensreaktion Eingang in die Lehrbücher der Organischen Chemie gefunden [3].

Allerdings wird dieses vorteilhafte Profil durch einige deutliche Nachteile beeinträchtigt:

(1) In bezug auf die Substrate blieb die McMurry Reaktion im wesentlichen auf Aldehyde und Ketone beschränkt.

(2) Das in situ erzeugte „niedervalente" Titan ist sehr empfindlich, kaum lagerfähig und in seiner chemischen Zusammensetzung schlecht definiert. Seine Aktivität hängt in hohem Maß von der Art der Darstellung ab, die man empirisch zu optimieren versucht hat.

(3) Das während der Reaktion gebildete Titanoxid ist thermodynamisch außerordentlich stabil und kann nicht auf direktem Weg in die aktive Spezies [Ti] zurückverwandelt werden. Daher wurden bislang stets (über)stöchiometrische Mengen an Reagenz benötigt.

Im Zug eines umfassenden Forschungsprojekts über aktivierte Metalle [1, 2] konnten in den letzten Jahren Beiträge zu allen drei genannten Problemfeldern der McMurry Kupplung geleistet werden. Die dabei erzielten Fortschritte und der derzeitige Stand dieser Untersuchungen sind im folgenden zusammengefaßt.

Basierend auf dem Umstand, wonach *intramolekulare* Reaktionen gegenüber intermolekularen Prozessen statistisch und entropisch begünstigt sind, ließ sich die der reduktiven Kupplung zugängliche Substratpalette erheblich

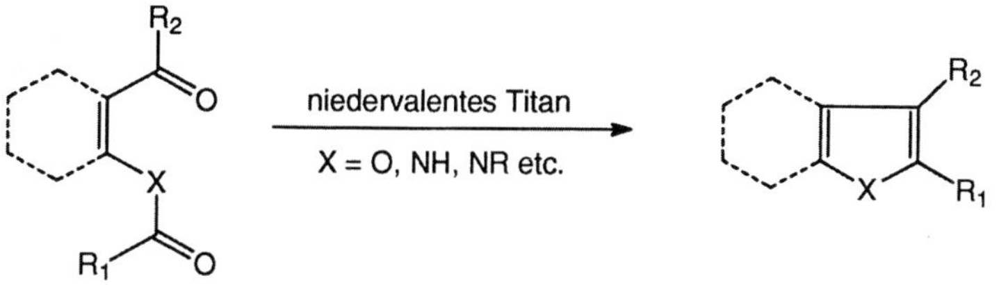

Abb. 2: Prinzip der reduktiven, titaninduzierten Heterocyclensynthese

erweitern. So gelangen uns erstmals intramolekulare Kreuzkupplungen von Aldehyden bzw. Ketonen mit funktionellen Gruppen wie Estern, Amiden, Harnstoffen, Urethanen, Carbonaten etc., die bislang als inert gegenüber niedervalentem Titan galten [4–11]. Abbildung 2 verdeutlicht, daß damit ein neuer Zugang zu aromatischen Heterocyclen wie z. B. Furanen, Benzofuranen, Pyrrolen oder Indolen eröffnet werden konnte. Auch Coumarine und Chinolone sind zugänglich [12]. Diese reduktiven Cyclisierungsreaktionen nutzen gut verfügbare Ausgangsmaterialien, erweisen sich als sehr flexibel, zeichnen sich durch eine hohe Chemo- und Regioselektivität aus, und sind mit zahlreichen funktionellen Gruppen sowie mit prä-existierenden chiralen Zentren in den Substraten kompatibel.

Die Leistungsfähigkeit dieses neuen Verfahrens wurde u. a. durch die Darstellung von pharmazeutischen Wirkstoffen wie z. B. des Tumorinhibitors Zindoxifene [6] oder eines als Endothelin-Rezeptor-Antagonisten wirksamen Indolderivats [11] unter Beweis gestellt (Abbildung 3). Auch bei der Synthese der in Abbildung 4 gezeigten Pyrrol- und Indolalkaloide konnte dieses Verfahren als Schlüsselschritt mit Erfolg angewendet werden [5, 7, 8, 10, 11].

Abb. 3: Titaninduzierte Indolsynthesen: Anwendungen auf pharmazeutische Wirkstoffe

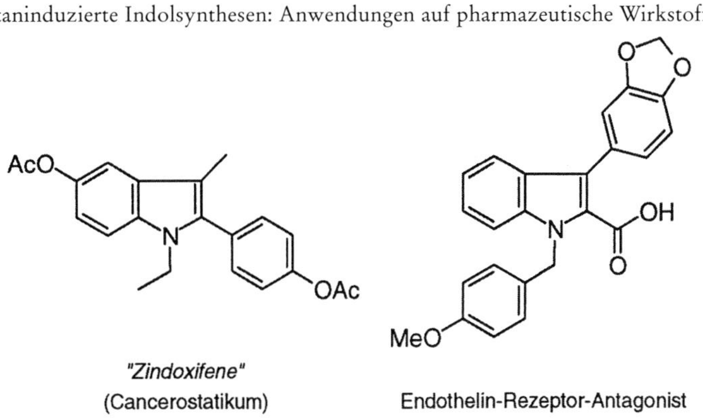

"Zindoxifene"
(Cancerostatikum)

Endothelin-Rezeptor-Antagonist

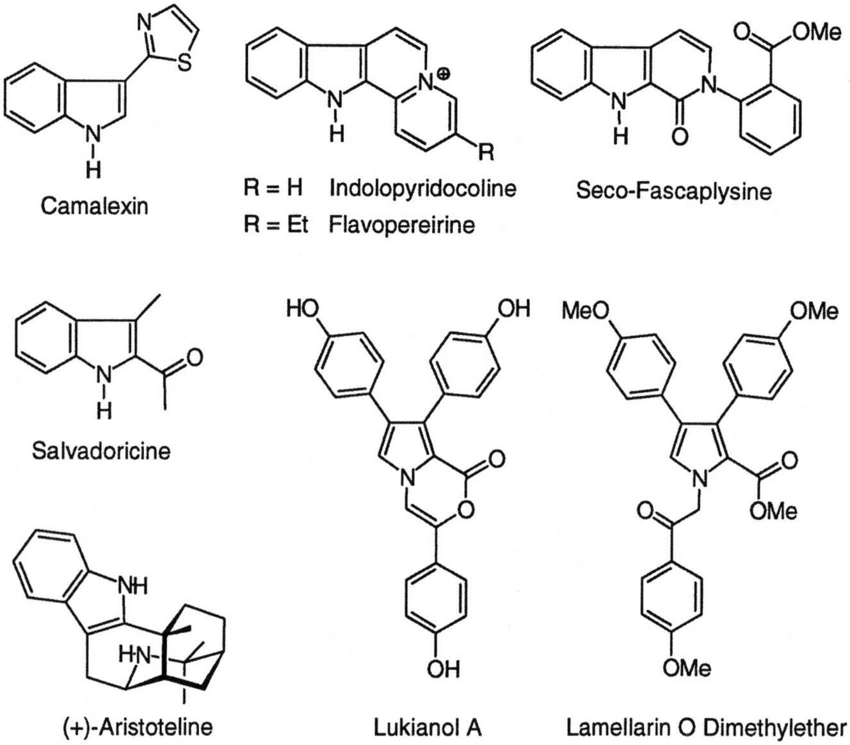

Camalexin

R = H   Indolopyridocoline
R = Et   Flavopereirine

Seco-Fascaplysine

Salvadoricine

(+)-Aristoteline

Lukianol A

Lamellarin O Dimethylether

Abb. 4: Titaninduzierte Pyrrol- und Indolalkaloidsynthesen

Neben diesen strukturellen Erweiterungen konnten auch methodische Verbesserungen von titaninduzierten Kupplungsreaktionen erreicht werden. Statt wie üblich das Reagenz durch Reduktion von $TiCl_3$ z. B. mit schmelzendem Kalium darzustellen, wurde von der bekannten Eigenschaft dieses Alkalimetalls Gebrauch gemacht, sich leicht zwischen die Schichten von billigem Graphit einzulagern. Die dabei gebildete Interkalationsverbindung C_8K stellt ein wirksames und praktisches Reduktionsmittel dar [2]. Bei Zugabe von $TiCl_3$ zu einer Suspension von C_8K in einem inerten Lösungsmittel wird das Salz an jeder Stelle der ausgedehnten Oberfläche des Graphitlaminats gleichzeitig reduziert, was zur Darstellung hochdisperser, nicht passivierter und somit außerordentlich reaktiver Titanpartikel führt (Abbildung 5) [14, 15]. Wie elektronenmikroskopische Untersuchungen zeigen, sind diese an der Oberfläche des Graphits adsorbiert und dadurch auf einfache Weise gegen unerwünschte Aggregation geschützt. Die durchschnittliche Teilchengröße liegt im Bereich von wenigen Nanometern (1 nm = 10^{-9} m) [13], was die

$$K + 8 C \xrightarrow{150\ ^\circ C} C_8K$$

$$TiCl_3 + 3\ C_8K \xrightarrow{THF,\ \Delta} \text{"Ti-Graphit"} + 3\ KCl$$

Abb. 5: Darstellung von Titan-Graphit mit Hilfe der Interkalationsverbindung C_8K

außerordentliche Effizienz von Titan-Graphit sowohl bei koventionellen McMurry Reaktionen als auch bei den oben genannten neuen Anwendungen im Bereich der Heterocyclensynthese erklärt.

Durch eine systematische Untersuchung konnte ferner experimentell nachgewiesen werden, daß nicht nur *metallisches* Titan, sondern auch andere *niedervalente* Verbindungen dieses Elements in den formalen Oxidationsstufen +1 und +2 reduktive Carbonylkupplungen zu induzieren in der Lage sind [7, 16]. Dies ermöglicht ein alternatives Vorgehen bei der Durchführung von McMurry-Typ Reaktionen: Anstatt das $TiCl_3$ mit Hilfe von Kalium oder C_8K zu metallischem Titan zu reduzieren, bevor das jeweilige Substrat zugegeben werden kann, wird zunächst die Carbonylverbindung mit dem Lewissauren $TiCl_3$ versetzt und dieses erst im Anschluß innerhalb des sich bildenden Komplexverbands mit Hilfe eines schonenden Reduktionsmittels zu einer niedervalenten Titanspezies [Ti] reduziert (Abbildung 6).

Diese als *Instant-Methode* [7] bezeichnete Variante bietet mehrere Vorteile:

(i) Reagenz und Substrat werden prä-organisiert, da man die aktive Spezies [Ti] regioselektiv an der Stelle erzeugt, an der sie in der Folge zur Reaktion kommen soll.

Abb. 6: Prinzip der „Instant Methode"

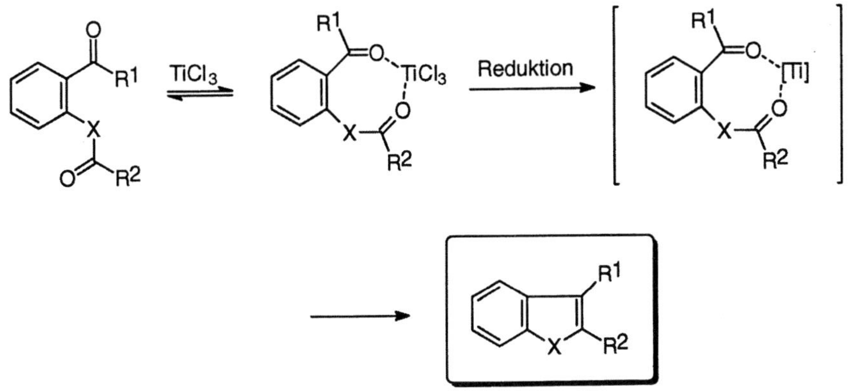

(ii) Beide Teilschritte einer McMurry-Typ Reaktion, d. h. die Darstellung des aktivierten Titans und dessen Umsetzung mit dem jeweiligen Substrat, werden zu einem Arbeitsgang vereinigt.

(iii) Die üblicherweise verwendeten, aggressiven und z. T. selbstentzündlichen Reduktionsmittel wie Lithium, Natrium, Kalium, C_8K etc. können durch billige und leicht handhabbare Substanzen wie Zinkpulver oder Eisenstaub ersetzt werden.

(iv) Daraus resultiert eine hohe Toleranz gegenüber diversen funktionellen Gruppen. Die Reaktion kann leicht auf einen größeren Maßstab übertragen und im Gegensatz zur bisherigen Praxis auch in nicht-etherischen Lösungsmitteln durchgeführt werden.

Die „Instant Methode" eröffnet ferner erstmals die Möglichkeit, intramolekulare McMurry-Typ Reaktionen *katalytisch* an Titan zu gestalten (Abbildung 7) [17]. Wird die Reaktion in Gegenwart eines Chlorsilans durchgeführt, das sowohl als oxophiles Additiv als auch als Chloridquelle fungiert, so kann das primär gebildete Titanoxid bzw. -oxychlorid in statu nascendi in $TiCl_3$ zurückverwandelt werden. Dieses unterliegt im Anschluß der nächsten Instant-Kupplung und schließt so einen katalytischen Kreislauf. Das als Nebenprodukt anfallende Siloxan ist toxikologisch unbedenklich und kann destillativ leicht abgetrennt werden.

Abb. 7: Prinzip der titankatalysierten Indolsynthese

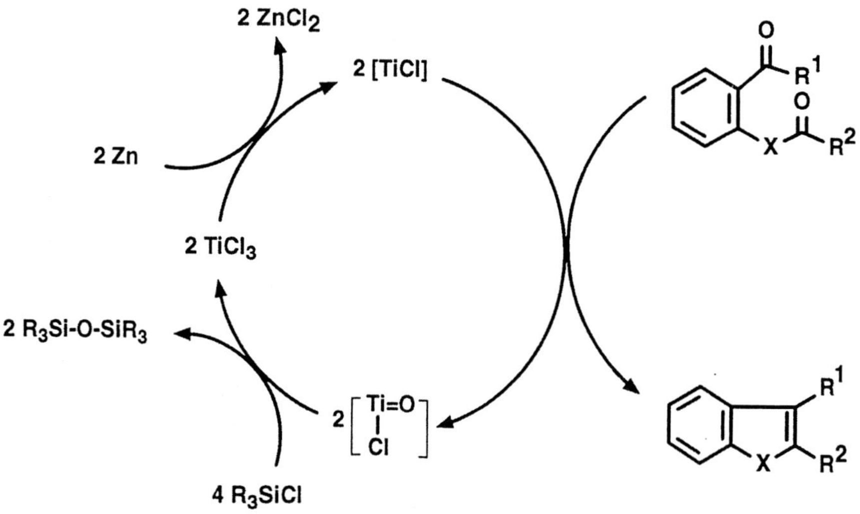

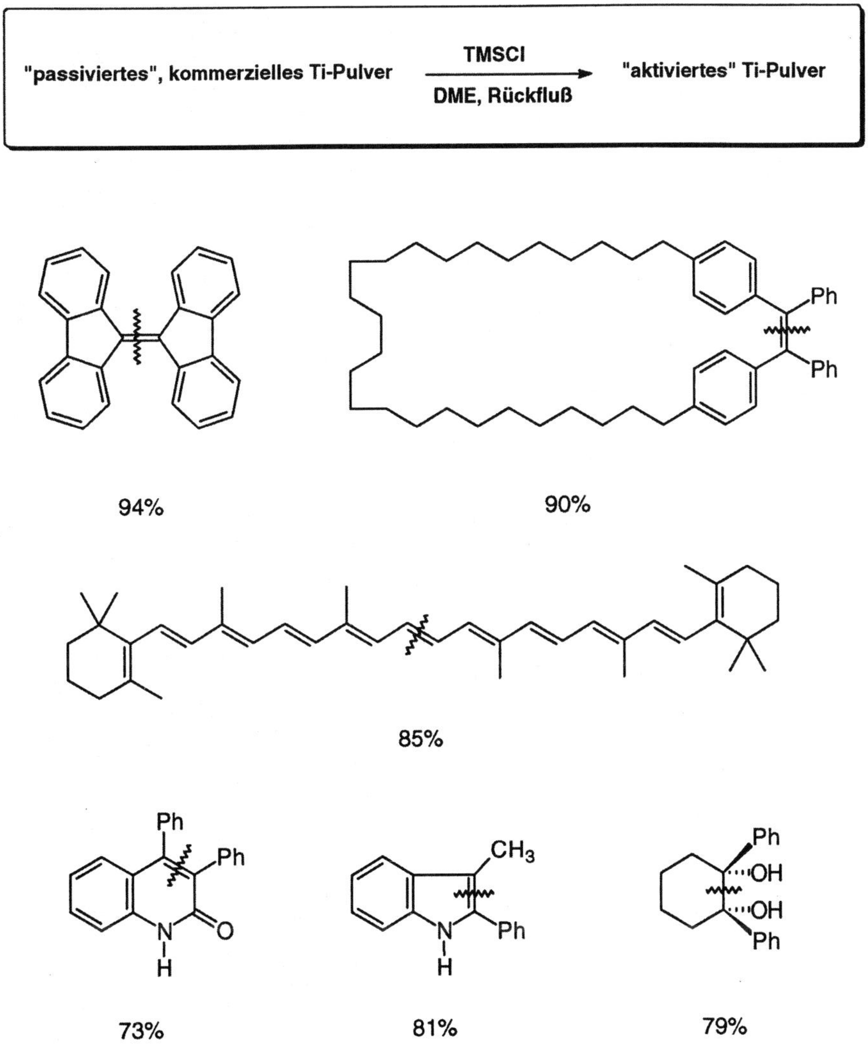

"passiviertes", kommerzielles Ti-Pulver $\xrightarrow[\text{DME, Rückfluß}]{\text{TMSCl}}$ "aktiviertes" Ti-Pulver

94%   90%

85%

73%   81%   79%

Abb. 8: Kommerzielles Titanpulver als McMurry Reagenz. Ausgewählte Anwendungsbeispiele

Die im Zug der Entwicklung dieses katalytischen Prozesses gewonnene Einsicht, wonach Titanoxide mit Chlorsilanen reagieren, eröffnet überdies die Möglichkeit, das durch eine oberflächliche Oxidschicht stark passivierte, *kommerzielle* Titan als Reagenz für reduktive Carbonylkupplungen einzusetzen. So konnte nachgewiesen werden, daß Titanpulver in Gegenwart von billigem Trimethylchlorsilan die Kupplung aromatischer und α,β-ungesättigter

Aldehyde und Ketone sowie die oben genannten Heterocyclensynthesen bewirkt [17]. Es hat sich bei Anwendungen in der Steroidchemie, bei der Synthese von Provitamin A sowie diverser Kronenetherderivate bewährt (Abbildung 8). Da dieses Verfahren – im Gegensatz zu allen bisher bekannten Methoden – außer physiologisch unbedenklichen Titanverbindungen keine anderen Fremdkationen involviert, sollte es für Anwendungen auf pharmakologisch relevante Zielstrukturen besonders geeignet sein.

Zur Zeit laufende Arbeiten konzentrieren sich auf die detaillierte Klärung der Wirkungsweise von Chlorsilanen mit Hilfe der ^{29}Si-NMR Spektroskopie sowie auf die Untersuchung der morphologischen Ursachen für die von ihnen bewirkte Aktivierung von kommerziellem Titan mit Hilfe der analytischen Elektronenmikroskopie. Ferner konnten die am Modell Titan gewonnenen Erkenntnisse über Metallaktivierung und Katalyse bereits auf andere, von frühen Übergangsmetallen induzierte Reaktionen erfolgreich übertragen werden [18, 19].

Dank. Meinen Mitarbeitern sei für Ihr Engagement und Ihre exzellenten Beiträge herzlich gedankt. Ihre Namen finden sich in den Literaturzitaten. Unsere Untersuchungen wurden vom Max-Planck-Institut für Kohlenforschung, Mülheim, von der Volkswagenstiftung, Hannover, sowie vom Fonds der Chemischen Industrie, Frankfurt, finanziell unterstützt.

Literatur und Referenzen

[1] Eine Übersicht über diverse Methoden der Metallaktivierung bietet: A. FÜRSTNER (Hrsg.), *"Active Metals. Preparation, Characterization, Applications"*, Verlag Chemie, **1996.**

[2] A. FÜRSTNER, *Angew. Chem.* **1993,** *105,* 171.

[3] (a) J. E. MCMURRY, *Chem. Rev.* **1989,** *89,* 1513. (b) A. FÜRSTNER, B. BOGDANOVIC, *Angew. Chem.* **1996,** *108,* 2583.

[4] A. FÜRSTNER, D. N. JUMBAM, *Tetrahedron* **1992,** *48,* 5991.

[5] A. FÜRSTNER, D. N. JUMBAM, *J. Chem. Soc. Chem. Commun.* **1993,** 211.

[6] A. FÜRSTNER, D. N. JUMBAM, G. SEIDEL, *Chem. Ber.* **1994,** 1125.

[7] A. FÜRSTNER, A. HUPPERTS, A. PTOCK, E. JANSSEN, *J. Org. Chem.* **1994,** *59,* 5215.

[8] A. FÜRSTNER, A. ERNST, *Tetrahedron* **1995,** *51,* 773.

[9] A. FÜRSTNER, A. PTOCK, H. WEINTRITT, R. GODDARD, C. KRÜGER, *Angew. Chem.* **1995,** *107,* 725.

[10] A. FÜRSTNER, H. WEINTRITT, A. HUPPERTS, *J. Org. Chem.* **1995,** *60,* 6637.

[11] A. FÜRSTNER, A. ERNST, H. KRAUSE, A. PTOCK, *Tetrahedron,* **1996,** *52,* 7329.

[12] A. FÜRSTNER, D. N. JUMBAM, N. SHI, *Z. Naturforsch.* **1995,** *50B,* 326.

[13] F. HOFER in *"Active Metals. Preparation, Characterization, Applications"*, (A. Fürstner, Hrsg.), Verlag Chemie, **1996,** S. 427.

[14] A. FÜRSTNER, H. WEIDMANN, *Synthesis* **1987,** 1071.

[15] Für eine wichtige Modifikation siehe: D. L. J. CLIVE, C. ZHANG, K. S. K. MURTHY, W. D. HAYWARD, S. DAIGNEAULT, *J. Org. Chem.* **1991,** *56,* 6447.

[16] Für detaillierte Untersuchungen zur chemischen Beschaffenheit von diversen niedervalenten „McMurry Reagentien" siehe: (a) B. BOGDANOVIC, A. BOLTE, *J. Organomet. Chem.* **1995,** *502,* 109. (b) L. E. ALEANDRI, S. BECKE, B. BOGDANOVIC, D. J. JONES, J. ROZIÈRE, *J. Organomet. Chem.* **1994,** *472,* 97.

[17] A. FÜRSTNER, A. HUPPERTS, *J. Am. Chem. Soc.* **1995,** *117,* 4468.

[18] A. FÜRSTNER, N. SHI, *J. Am. Chem. Soc.* **1996,** *118,* 2533.

[19] A. FÜRSTNER, N. SHI, *J. Am. Chem. Soc.* **1996,** *118,* 12349.

Diskussion

Herr Hornbogen: Was Sie zuletzt gesagt haben, kann nicht ganz stimmen, daß sich das metallische kristalline Titan in diesen Pulvern zu amorphem Titan umwandelt. Sie können aber ohne weiteres das Titan aktivieren, das heißt, die Passivierungsschicht mechanisch beseitigen, indem Sie die Oberfläche im Vakuum vergrößern. Dann müßte es auch reaktionsfähig werden. Aber die Struktur ist feinkristallin und nicht amorph. Das müßten Sie noch einmal subtiler betrachten.

Herr Fürstner: Ich sagte schon, daß dies Ergebnisse aus einer nicht abgeschlossenen Untersuchung sind. Die gezeigte Probe enthält amorphe und feinkristalline Anteile. Jedenfalls bricht das Kristallgitter, brechen die großen kristallinen Domänen mit Sicherheit zusammen. Wir sind im Moment dabei, den Volumseffekt zu erfassen, das heißt zu sehen, wie tief dieser Effekt in ein Titankorn hineinreicht.

Herrn Jaenicke: Was geschieht an optischen Zentren in Nachbarschaft zu Carbonylgruppen?

Herr Fürstner: Gar nichts. Selbst wenn sie alpha-ständig zu einem Amid oder Keton sind, bleiben sie erhalten. Dies haben wir an einigen Modellbeispielen und bei der Synthese eines Alkaloids demonstrieren können. Chirale Zentren werden also nicht racemisiert.

Herr Höcker: Herr Fürstner, Sie werden es sicher überprüft haben: Es wäre natürlich interessant, als Reduktionsmittel Wasserstoff einzusetzen. Ist Ihnen das gelungen?

Herr Fürstner: Bis jetzt nicht. Das wäre sehr interessant.

Herr Wilke: Ein Reduktionsmittel ist immer notwendig, und das billigste Reduktionsmittel, das wir haben, sind die Elektronen aus einem elektrochemischen Prozeß.

Herr Fürstner: Auch dies haben wir nicht geschafft, Herr Wilke. Wir haben das ausführlich angesehen, da es natürlich schön wäre, wenn man die Reaktion in einer elektrochemischen Zelle an einer Titanelektrode ablaufen lassen könnte, die dabei verbraucht wird. Leider kriegen wir es präparativ nicht annähernd vergleichbar hin.

Herr Wilke: Noch nicht.

Herr Fürstner: Noch nicht. Ihr Wort in Gottes Ohr.

Herr Höcker: Gibt es einen Titanschwamm?

Herr Fürstner: Es gibt Titanschwamm; man kann ihn sogar kaufen. Er ist das Primärprodukt der Titanherstellung.

Veröffentlichungen
der Nordrhein-Westfälischen Akademie der Wissenschaften

Neuerscheinungen 1990 bis 1996

ABHANDLUNGEN